ー第2弾ー

所得が低いのか

＜改訂版　石垣牛物語　沖縄農協との闘い＞

＜改訂版　題名変更のお詫び＞

前作の「石垣牛物語」から今回、このタイトルに変更させて頂きました事をお詫び申し上げます。

この内容は「沖縄という一地方の出来事」では無く、もっと本質的な問題提起として日本全国の人に読んで頂きたい思いで変更致しました。天下りの弊害が地方を疲弊させ、県民や島民の生活を顧みず政治が行われている現実をどうしても全国版にて訴えて行きたい思いでございます。何卒ご理解のほどお願い申し上げます。

沖縄県民はなぜ日本一所得が低いのか　目次

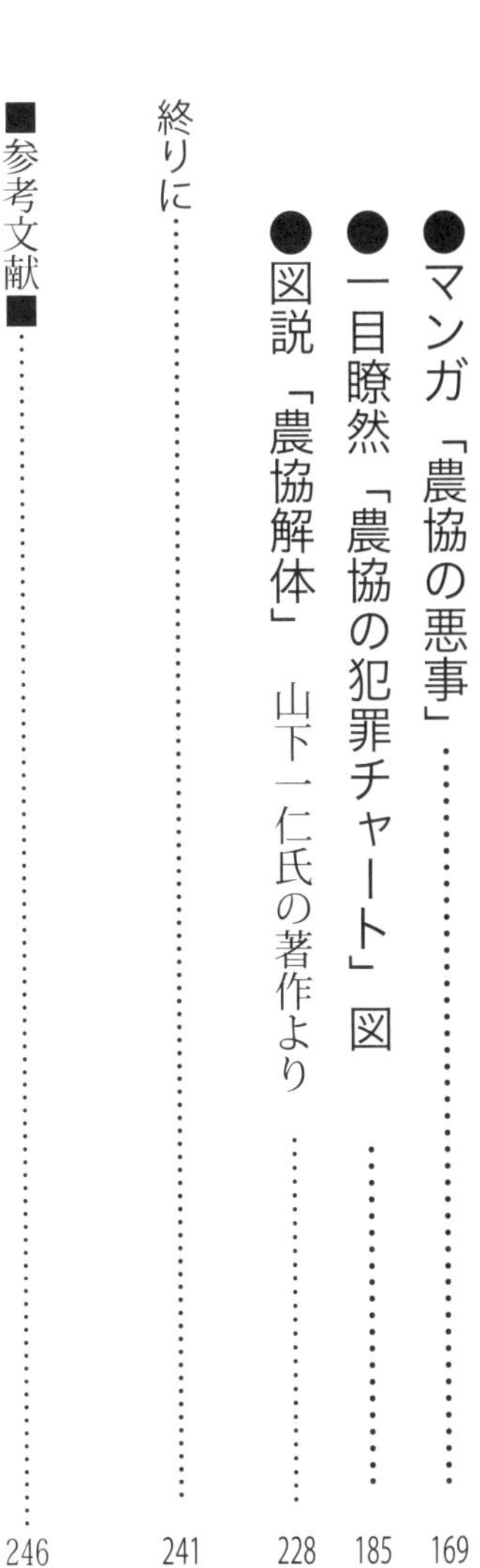

はじめに

沖縄サミット首脳晩餐会、ゆいまーる牧場にて納品

私、金城利憲は１９５４年12月27日、戦後の後片付けも終っていない沖縄県那覇市で生まれ育った。当時は琉球国政府のパスポート、高校中退し16歳で上京、飲食店、食肉店で働き29歳で独立開業。20年間一度も帰郷せずと言うぐらい仕事優先、休暇を取ると給料を引かれる。飛行機代は高額で給料の一ヶ月分の金額あり、給与は全額吹っ飛ぶ。これでは一月の生活費は無くなる位であったし、休暇を取ると勤め先は辞めないとならないぐらい休暇を取る事は難しかった。しかし望郷の念は募る一方であった。

ウチナーンチュの誇りを持ってがむしゃらに働いた。そうでないと店が潰れる。とにかく他の食肉店よりは多く働く事で店を維持していく事しかできなかった。

その事業もようやく軌道に乗り、神戸牛の最多購買者に成っていた。

15歳の頃、夏休みは祖母の島伊是名島で農業の手伝いをすることが何よりの楽みだった金城兄弟（左が本人）

ちょうどその時、我古里で和牛が生産され、初の品評会、共励会が催おされると言う事で、急遽古里に飛んだ。

まだ大成功していない自分としては、帰るのをためらっていたが、我古里の特産品和牛が何れほどのブランドなのか?知りたくて、じっとして居れず、片道7万円の飛行機代を払い飛び乗った。

そうして、神戸牛の最多購買者に成りつつ、全国の銘柄牛もトップで競り落とし、販路を開いて行った。飛びっきり高価な特選牛を買い付け、5つ星ホテル、高級なステーキ料理店、すき焼きしゃぶしゃぶの老舗を得意先に獲得して行った。この事は並大抵の売り込み、販路開拓ではなかった。高値で競り落とし、損することも頻繁にあった。利益よりもお客様に喜んで頂く事を優先して、他店、スーパー、百貨店、老舗が売っている価格よりは絶対に安く

開店前の御用聞き

売り固定客を獲得する、それを目標に仕事をした。

最高級の和牛は金城が一番多く扱い、得意先の信頼を裏切らなかった。

「和牛なら金城精肉店だよ」という評価が、関西での調理士会、ホテル業界では根付いていた。品定めで気にいらなかったとしても一旦帰社し、夜遅く、得意先の閉店前でも納品、御用聞きに伺った。毎日のように12時過ぎまで仕事を続けた。得意先のオーナーも私の熱意にほだされたことも多く、買って頂いた。常に品定めをし今回外れでも、金城は必ず良いものを持って来てくれるという信頼ができ上がった。

最高牛を扱う「肉の金城」として名声を得つつ会った中で、沖縄県で初めての枝肉の共例会があるとの情報が入り、私は沖縄牛に飛び付いた。私自身の思いは「沖縄牛のブランドは末だ末だ」であったが、贔屓目にも買い上げた。

子牛の生産が主な沖縄で初めての肉牛が出荷される、沖縄でも肉牛が育つのだ！　輸入肉しか食べていない沖縄で、肉牛出荷、品質には期待するものではなかったが、沖縄の人には畜産は生活の一部、畜産と共に暮らした歴史がある。沖縄にマッチした農業だと私は強く確信した。

沖縄でも和牛が育つ　ブランドにするのだ

他県の銘柄牛を扱う度に、我古里にも素晴らしい沖縄牛がうまれてこないだろうか？　資金が調達出来れば、沖縄に牧場を建設する夢も生まれつつあった。

その想いは募る一方で有った。その中で沖縄県で初の品評会が開かれると聞きつけ、私は急遽沖縄に飛んだ。だが地元の購買者は一社もなく、白けたものでした。私は現金を用意出来ていなかったが、全頭数買い上げ、東大阪の店に搬入し赤字覚悟で販売した。古里に貢献出来た満足感に浸っていました。

琉球政府のパスポートの時代に上京し、ウチナーンチュの劣等感に打ちひしがれた中で、独立し、社長と成り、名声を得るために、利益優先の商売でなく、ウチナーンチュの誇りを持ち、人一倍働き、いや三倍働いた、その中で多くの得意先の信頼を得て、年商25億の会社に成っていた。

人の倍働く、継続する、体力は並み大抵ではなかった。夜遅くまで働く事は、苦痛でなく、習慣になっていた。その日の疲れを残さず、一日が終る時には、体操をする。筋肉を逆に伸ばす等、ストレッチをして風呂に入る。酒は飲まない、昼寝は必ずする。毎日を全力投球する。

売り上げが増えると、冷蔵庫の拡張、設備投資が付いてくる。稼いでも稼いでも後から設備投資が来る。売り上げを伸ばすと、売掛金が発生し資金繰りに窮する。友人、知人等にお金を借りに回る、一生懸命働いている人には、協力者が現れるものだ。

しかし目先の利益を追うことはしなかった、とにかく大阪商人には、お世話になった。

「諦めない、めげない、へこたれない」大阪商人の真髄である。

沖縄の牛を贔屓目に、年間4億円分の沖縄牛を買ってあげて、郷里の生産者との、交流を深め牧場建設に至り、古里からの人材育成に携わった。農高畜産科の先生が私のことを聞きつけて指導に当たった。

農高の卒業生18名を採用、彼らが上阪すると真っ先に、私は和牛の焼き肉を振る舞い、和牛の美味しさを教えていった。本当に親代わりになって、肉の解体、料理、腕一本で食えるように仕事を教え、生きる力を指導した。

牧場建設して二年目に、こんなに美味しいお肉は沖縄の人は食べられないかわいそうですねと、農大の卒業生の野原君が言う。そうだよな牛が沢山いるのに、沖縄の人は食べられない、その様な焼き肉のお店レストランがないよね。

そこで私は、「君が一人前になって、石垣で焼き肉レストラン作ったらどう？」と聞き直した。野原君は優秀な人材で石垣出身、将来は沖縄の畜産を担う人材に育って行くと確信していた。

ちょうど閉店した料亭があり、二つ返事で店を引き継ぎ、焼き肉レストランに改装しオープンした。全く未知の世界、こんな離島で和牛のレストランを出店するなんて。そして、全て地産地消のレストランを開いて大丈夫なの、無理でないのと言われたが、これで地域に貢献出来ると、私は喜んだ。われわれは大阪におり、石垣まで手が回らない。

しかし成功すると毎月、古里に帰れる喜びも得られる、困難な事が待ち受けるが、不安はなかった、チャレンジャーであった。パンフを作り、レンタカーで営業行く、レストランが営業回ったり、パンフを作ったりするのは私が初めてです。

島の人は焼き肉はスタッフが焼くものと思い、「自分で焼くのですか？　どのように焼くんですか」とスタッフに尋ねる。トロのような霜降り肉を出すと島のお客様は、脂が多いと怒り出す。赤身の上等と代えてくれと言われた。とにかくお皿は生肉が出てくる。お店にビックリ、戸惑う。だから島に〝焼き肉文化〟を定着させるのに苦労した。

石垣牛はどんな牛（水牛のお肉？）

東京、大阪の旅行社も回り、石垣のお店の営業案内に何社も回った。後に担当者は視察調査しに、連絡無なしに来ていた。そして、地域の有力者を招待する、何人も何人も、毎日一緒に焼き肉を食べる事が2週間連続。苦しくなるぐらい、体重も増える。体重減らさなくては危ないと思い寝る前に毎日走った。疲れを知らない自分がいた。

牧場の帰りに焼き肉レストランで接待、皿洗い手伝い、肉の切り方を指導する、走馬灯の如く20年過ぎた。初めのお客様は、観光客は、恐る恐る来店した。水牛のお肉？　石垣牛はどんな牛？　と聴かれた。それは無名の「石垣牛」に対しては不安があったから当然であった。なので私は、石垣和牛と敢えて表示し、日本古来の和牛なので黒毛和牛なんだよと説明した。

後半からは石垣牛と表示した。NHKのプロデューサーと知り合い、石垣で二人のビッグショーの打ち上げは、焼き肉金城で宴会、労をねぎらい、プロデューサーの井上奨さん、NHKの古株大先輩、と親しくなった。

「金城さんマスコミとして、お手伝いするよ」と言ってくれた。私も石垣牛を有名にしてほしいと是非お願いしますと、10年間沢山の芸能人に石垣牛のギフトを届けた。（実は石垣牛を有名にしたのは井上さんです）これがブランド作りの下地に成っていた。ボランティアで石垣牛の丸焼きも出向いて、あっちこっちに出店して行った。

しかし、オープンして最初の四年間は鳴かず飛ばず。

大阪からは遠い石垣でレストランは、無理だ閉店しろと、顧問税理士に何度も指摘されるが、地元に密着し根差したお店として、地産地消を定着させて石垣牛を島の人全員に食べて貰いたい気持ちが強かった。閉店なんて出来ない！　普及活動が私の役目だと思っていた。その顧問税理士の先生は私に資金的に援助もしていたので厳しい指摘もする事がありました。

そして「月一回の半額デー」を島の人に覚えて貰った。そのお陰で、後々売り上げは凄まじく伸びた。

沖縄サミットが決まり、著名人、ＶＩＰに、売り込むチャンスと見た。

何処を突破口にするか？　市長には石垣牛を売り込みましょうと話す。でもアテはない。そんな中で会場であるザ・ブセナテラスに、開業当時から和牛を納品していたが、宮古牛に納品が変わっていた。調達に聴くと試食会をして宮古牛に変えたと返事された。事実は、有力者の顔利きで牧場の宮古牛を取り扱っていたのだ。

このままではサミットは宮古牛に決定する事になる。危機感を持っていた。

そんな悶々としている時に石垣市民会館で、サミット推進事務局長の山田文比古さん（元

はじめに

フランス駐在の外交官、現在は東京外国語大学教授）の講演があり、参加しました。講演が終わり、私は「この場で石垣牛を売り込まなくては」との必死の気持ちで質問をさせていただきました。時間切れでしたがマイクを差し向けて頂く。

サミットは世界中に沖縄の特産品を売り込むチャンスなので、料理には沖縄県の物をとお願いした。有力者の口添えの宮古牛だけでなく、公平に宮古牛も石垣牛も取り扱っていただきたいと、質問し要請しました。

懇親会も私はお呼びでなかったが、出向いていき山田文比古局長にビール注ぎにいき、石垣牛をそして沖縄産の物を宜しくとお願いしました。


その後、嬉しいことに朗報が来て、それから10年以上の取引がある辻調理師専門学校の西川先生から問い合わせが来ました。外務省から沖縄の食材でメニュー作って欲しいが、ところで沖縄に牛肉は存在するのか？　と聴かれた。

私は「ありますよ」と返答するが、先方はどうも半信半疑だ。

出席首脳の一覧（当時、席次順）

- 森喜朗（議長・日本国内閣総理大臣）
- ジャック・シラク（フランス共和国大統領）
- ビル・クリントン（アメリカ合衆国大統領）
- トニー・ブレア（イギリス首相）
- ゲアハルト・シュレーダー（ドイツ連邦首相）
- ジュリアーノ・アマート（イタリア首相）
- ジャン・クレティエン（カナダ首相）
- ウラジーミル・プーチン（ロシア連邦大統領）
- ロマーノ・プローディ（欧州委員会委員長）

当然である。西川先生、辻芳樹先生ほか先生方の一世一代の仕事である、失敗は許されない。ではサンプル持って来てと言われ、ロース1キロを納品した。返答は後日、ＯＫは一週間後に頂く。外務省で予行演習するので、食べて頂くのは、森総理夫妻、野中夫妻、青木夫妻ですと、四度も、外務省主催の予行演習をしました。

その主菜は、全て私が沖縄の食材を集め、沖縄の料理の提案をし無償で献上しました。お願い事するのにお金を請求する事は出来ない心情があった。

辻調理師学校、ホテルオークラに10年以上納品している金城が勧める石垣牛なら大丈夫だろうと、神戸牛の看板上げている金城なら間違いないだろうと、辻芳樹校長の勧めで辻調理師学校の西川先生に石垣牛で決定して頂いた。

決定後、さあ大統領が召し上がるには半頭分のロース一本（20キログラム）で良いのだが、石垣牛一頭の屠畜では、肉質がすべる可能性があり何頭も屠畜し、より選（すぐ）った枝肉の選定が必要だと考えた。何しろ世界の大統領が召し上がるので、肉の格付けが滑った事も考えて、敢えて8頭分の屠畜をして選別して献上する準備をした。

高額の石垣牛を納品する事に、8頭の生きた牛を屠畜する、1000万円の仕入れをする、20キロの石垣牛の納品に、3トンの牛肉の中から選別することになる。

ゆいまーる牧場の牛では間に合わず、畜産公社で飼育している石垣牛を供給して欲しいと依頼に伺う。専務理事の那根元さんには大変喜んで頂いた。専務理事の那根さんは自分の青春を石垣の畜産振興に賭けて、ダニ撲滅に貢献、成功させた獣医師で、長年家畜保健所に勤め沖縄の畜産に多大な貢献された方です。

屠畜準備に入り、牛を8頭数トラックに積み込み、畜産公社に到着したが、那根元専務理事は、「大変申し訳ない、JAからこの牛の出荷は全農荷受けに出荷するので、出すな」との指示があるのでトラックに積めないと言われた。

そこで私は、一旦引き返す、どうしたもんかとJAの担当者にきくと、「サミット?」と、木で鼻をくくった言葉で、やりたい人にしてもらえばよい、他府県の銘柄牛で召し上がってくれと返事です。

JAのマインドには、砂糖黍（きび）以外は推進しない。一年間で40億円の手数料があり、黍を辞めると自己否定になる。実は、そのことは私は10年後に気づくことになった。

ＪＡの所有する牛ではないのに邪魔する、ブランド作りのチャンスだと申し出るが、職員はあざ笑うだけだった。

しかし、それがいったん成功すると、なんと後から「石垣牛のサミット提供はＪＡが貢献した」といい、ブランドは自分達の物だ！　と言いだす始末だ。

人が努力したこと、貢献したことに少しも敬意を表することはない、ただくさすだけ。お互いに尊重し合い、住みやすいコミュニティーを作るのが大人の役目、団体の役目ではないか、人格の否定までする。

私は途方にくれた。サミット開催日が、どんどん近づき、とうとう準備が間に合わなかったが、生協に石垣牛業者が納品していて、那覇市内の食肉卸し業者共栄ミートの冷蔵庫に「石垣牛」があるとの事でした。

しかし西川先生の目に叶わなければ、と思い私は別途神戸牛のロースも準備していた。神戸牛として納品するしか仕方ないと思うが、刻々とタイムリミットが近づく中で、小ぶりで牝牛の石垣牛が地元の肉屋にあった。これが、なんと合格した、良かった！

サミットは堂々と石垣牛で納品に成功した

無事にサミット終わり、調理の先生全員を、オープンしたばかりの「焼き肉金城」に来て欲しいと招待し、御礼会させて下さいと来店して頂く。

10万円する八重泉の甕泡盛を進呈し、同じ石垣牛を召し上がって頂き、これからも石垣牛を宜しくとお願いしました。

私の熱意で後々、石垣牛のＴＶ番組、料理のコンテスト、料理の番組に数多く出して頂き、辻調理学園には感謝しています。

辻調理師専門学校の先生方が語ったエピソードの中で、食事中に「クリントン大統領が、森総理に、これは神戸牛ですか」と聴かれた。森総理は、自慢げに「沖縄の石垣牛です」と答えてくださったそうです。

料理を担当した先生たちは、ずっとフランスのシラク大統領がブスッとしていたので、不安で、冷や汗かいていたが、石垣牛を口に入れたとたんに、ニコッとして森総理に「旨い」と言われて、安堵したと話されていました。

ニュースでも サミット首脳の晩餐会は大成功だと放映された。

　本土の得意先にも私は自慢気に報告、沖縄の和牛はレベルが上がりました、ブランドですと報告、取り扱う得意先が増えていった。このおかげで超有名な老舗、ホテルでも信用度が高まった。会社もそこそこ売上げになり　赤坂見附の一ツ木通りに焼き肉金城を出店　、石垣牛の看板を掲げ、石垣牛のブランドを売り込んだ。

　ここは永田町に近く、著名な人に周知して頂く場所には最適であった。サミット予行演習の時に野中官房長官夫妻（当事）に召し上がって頂いたこともあり、石垣出身の白保台一国会議員に来店して頂いた。その時、野中先生は石垣牛が一番美味しいのだとおっしゃってくださり、石垣市長の大浜長照市長は上京して政府に陳状要請の際には立ち寄ってくださり、石垣牛と大きな看板が目に入り涙が出るほど嬉しかったと、励ましの言葉を頂いた。

　この場所は日本一の焼き肉の激戦区、（赤坂では２４０軒の焼き肉店がある）ここで知名度を上げる事で沖縄ブランドが向上する、地域起しに貢献する。勝算は有るか無いか？　ただ、ただ、ウチナーンチュのアイデンティティだけでオープンした。７千万円の投資になったが、感無量であった。

第1章　沖縄県民は、なぜ日本一所得が低いのか

私の郷里沖縄では、組織ぐるみで、金城への阻害行為が始まっていた。しかし気が付くのはずっと後、まさか、うそだろうと思ったが事実だった。

行政、団体（ＪＡ）の役目は民間人をサポートする事が当然だと思っていたが、それが大違い。天下りの弊害が存在する、自己目的の組織だと、ずっと後で気付く。

ＪＡを筆頭に

農業改良普及センター

県農水部

各市町村農水部

沖縄開発金融公庫—元農協の貸し付け担当者が理事長になっている

天下り組織

農業委員会
家畜競り場
これらの組織は、ＪＡ中央会が県の職員の人事権を握っている。（スパイを送り込んでいる）
何故か、これ以上沖縄の牛が増えると、「砂糖黍畑を牧草地に変換する農家が増えて、基幹産業の精糖工場が潰れる」という理屈からだ。
沖縄県では、県農水部の職員2千人はほぼ思考停止状態で、農業土木関連公共事業1千億円以上の金が、たった40億円の産出額しかない砂糖黍に向かっているのだ。
砂糖黍以外の一切の農業のサポートは控えて欲しいと、元県農水部長で農業振興に携わって来た元公務員でありながら、ＪＡに天下った赤嶺勇理事長から各農水部署に指示。
私が申し入れすると農業改良普及センターは、「農業振興阻害センター」に変わる。畜産の補助事業窓口の家畜保健所は、畜産の振興はサポートできず、畜産振興に燃える県農水部の職員は左遷又は部署の入れ替え、畜産のスペシャリストをことごとく総入れ替え。人事権を握っているＪＡの指示により、畜産振興の項目は全て取り除かれた。

倒産続出の牧場

平成7年に県内に９５０００頭数いた繁殖母牛は、５００００頭数迄減り続けている。

今や本土の大手畜産会社が増えている。

沖縄県で農家の牧場が倒産し競売に出された。その牧場を買い取り、一社で１０００頭数以上も飼育している。

沖縄の畜産農家は、下請けに位置付けられ、片隅に追いやられている。悲しいかなその本土の大手の畜産農家の下請けで特権を得た様に、手足となって他の畜産農家の牛を、資金繰りに困った農家の牛を現金で買い叩く側に張り付いている。

牧場を売り渡した畜産農家は、安定した請け負い労働費を得られ、以前より収入が増える。困った農家の牛を買い集め、本土の大手牧場主に恩恵を与える事で自分にメリットが得られる側になっている。大昔から沖縄の人は仲間作りが下手で、自分だけ出し抜けする人が見受けられる。

沖縄県の畜産農家は本土の畜産農家の下請けに位置付けられ、子牛の生産を主にしており、地元の人やスーパーマーケット、観光客には、地元産の牛肉は供給出来ないのである。

畜産公社の基金は畜産には発動されず、ＪＡの使途不明金が発覚する

２００９年、ＪＡは地域ブランド石垣牛の地域商標登録を取得した途端に、営利事業をしてはいけない、閉鎖されていたＪＡ肥育センターに石垣牛の子牛の導入を始めた。すると畜産担当の本部長、Ｍ氏の号令で、Ｆ、Ｋ職員は八重山家畜市場で、子牛の大暴落を画策。ＪＡ職員は競りボタンを一人で５つも持ち、一つのボタンは押し続け、残り４つのボタンを同時に放して、自分に競り落とす。新聞の写真を見ての通り他の家畜市場は正常であり暴落してはいない。にもかかわらず八重山家畜市場、黒島競り場は平均20万円、現在60万円している子牛が、なんと15万円～25万円の間で取引された。

１月～５月の間に５５０頭数の子牛を超安値で持ち帰った事実がある。

どの様に暴落させたのか？

ＪＡのＭ畜産部長が、大手購買者を帰らせる暴挙に出た。

初セリ、厳しいスタート

子牛価格が大幅下落

2市場で10―14％も

飼料高騰などが原因

一日に２００頭数以上の子牛を競り落とす、最大購買者Ｍ畜産の会長が競り開催日に、競り番号札を受取りにＪＡの窓口に行くと、普段言われもしない事を突然告げられた。金融関係の事で本日は現金で購入して下さいと、番号札を渡すと同時に言われたのだ。

ＪＡ本部の指示でもないのに、競り購入の参加意欲をそぎ、飛行機から降りて数時間も経たない人を憤慨させて帰らす。20数年も通って一度も支払い遅れたこともない善良な購買者を参加させない、最大購買者をほとんど帰らす事を始めた。

私は当日、那覇におり別件でＭ会長と一杯やりカラオケも歌った日であった。非常に憤慨していたが、他の市場で翌日に購入出来るので、そのうち頭を下げるだろうと話していた。

風化させてはいけない

その時、法令違反であるが、ＪＡの職員も、持っているボタンで1頭15万円で子牛を安く購入し、大喜びで嫁が経営している牧場に持ち帰った。

問題なのがＪＡ肥育センターに５５０頭数の子牛を導入する事で、1月～5月に開催する全ての子牛価格が連れ安し５０００頭数全て同時安、4億円以上の収入減が生じたのである。これも記事に大きく載った。

2018年4月9日(月) 本日の予報 晴れ

社会・経済　政治・行政　地域・教育　芸能・文化　スポーツ　もっと見る ▼　業界ニ

「黒島が潰れる、助けてほしい」子牛価格暴落で窮状訴え　肉用牛生産組合

2008年05月31日　社会・経済　ツイート　G+　いいね！0

関係機関網ら、協議会が発足

郡内のすべての肉用牛関係機関・団体が連携し、地区内の肉用牛の生産振興を目指す「八重山地区肉用牛生産振興協議会」(会長・宮良操石垣島和牛改良組合長)が30日、設立した。地区内では、今月の八重山・黒島両家畜市場でセリ価格が暴落。市場価格の立て直しに向け購買者不足や種雄牛の多さ、セリ後の輸送体制などの課題が浮上しており、同協議会では今後、関係機関・団体が連携し、地区内の家畜市場の円滑化と畜産農家の経営安定に向けこれらの課題解決に取り組むことにしている。

同協議会は、県や3市町、JA、石垣島和牛改良組合、県家畜人工授精師協会八重山支部、八重山港運(株)など関係機関・団体で組織。会員が連携しながら(1)家畜市場業務規則等の検討(2)セリ市開催日およびセリ牛輸送の改善(3)購買者ニーズ調査および誘致(4)種雄牛の課題検討(5)優良繁殖雌牛保留対策(6)飼養管理の徹底―などに重点的に取り組む。　具体的には、6月13日のセリ終了後に購買者と意見交換会を行い、購買者から地区内市場に対する意見や要望を聞くほか、セリ開催日の調査検討や輸送ルートの調査・要請(08年6月)、購買者の新規開拓や人工授精師会との対策会議(同7月)、指定候補種雄牛の検討(同9月)、無登録牛の上場規制や母牛淘汰(とうた)方針策定(09年2月)などを行う。　協議会の冒頭、JAおきなわの砂川博紀専務が、郡内の窮状を打開するためJAとして▽大口購買者の誘致▽優良母牛の貸し付け▽従来の鹿児島航路に加えて博多航路の追加▽本島から離島までの飼料輸送費補助、などの対策を検討していることを明らかにした。　石垣島和牛改良組合長の宮良操氏は「黒島で子牛価格が平均24万円と聞き、常識的に考えられない価格だと感じた。課題はたくさんあるが、購買者の開拓と輸送体制が緊急的な課題」として、関係機関が連携して取り組む必要性を強調。　黒島肉用牛生産組合の下地太副組合長は「黒島は危機的というより破滅的な状態。採算割れして餌代も事業代も払えない。7月、9月とこの状態が続けば黒島は潰れてしまう。黒島を助けてほしい」と窮状を訴えた。　最後は全員でガンバローを三唱し、地区内のセリ市場の建て直しと肉用牛の生産振興に気合いを込めた。　同協議会役員は次の各氏　会長＝宮良操(石垣島和牛改良組合長、JAおきなわ経営管理委員)　副会長＝黒島直茂(市農林水産部長)、真謝永福(竹富町役場農林水産課長)、山田惠昌(JAおきなわ八重山地区本部長)

- タグ：セリ，畜産，石垣牛

黒島が潰れる！

にも拘らず数頭数の子牛を持ち帰ったＪＡの職員は大喜びで購入出来た、何故なら安く買うことで自分が大儲けできるからで、農家の収入が減ろうが泣こうが、潰れようが関係ないのである。自己目的の組織にどっぷり浸かり感覚が麻痺しているのである。

さてこの大事件に石垣市議・真喜志市議会議員が騒ぎ出しました、八百長をしている、ボタンを5つも持ち、子牛を安く購入していると、市議会で調査委員会立ち上げた。その内容は「ゆいまーる牧場」の金城が詳しいと、人工授産師も後上里誠、畜産農家から聴いたとして、真喜志先生から事務所に来て事情を聴かして欲しいと要請あり、詳しく解説させて頂いた。その事務所は仲間均先生の事務所で、尖閣に上陸したりする、国士として崇められ人気のある市議会議員の事務所でした。

ＪＡの御用議員・不祥事を隠す

琉球新報
2014年（平成26年）9月15日 月曜日

農協不祥事1億円

県内過去10年 横領や窃盗24件

県内の農協職員による横領や窃盗、詐欺といった悪質な不祥事が、昨年3月までの過去10年間に計24件あり、被害総額は約1億900万円に上ることが14日、県への取材で分かった。

沖縄県を除く46都道府県は、既に取材や情報公開で農協職員による横領や窃盗、詐欺の件数を明らかにしている。

今回の沖縄を含め、全国の農協職員による悪質不祥事の被害は、昨年3月までの10年間に少なくとも1488件、総額147億円超となった。

当初、県は情報を非開示とし、取材にも答えなかったが、県情報公開審査会が「補助金を受けた事業を盛んに実施するなど、行政との関係が深く、県民の関心も高い」と指摘し、開示するよう答申。その後、県が取材に応じた。

県によると、24件のうち農協などが公表していたのは、刑事告訴した2件だけ。

他はいずれも弁済され、被害拡大の可能性もないとして公表されていなかった。

明日の本会議で、子牛暴落、八百長問題の調査委員会を立ち上げる議案を出すからと、明日の本会議、応援団として傍聴にきて欲しいと依頼された。

しかし、その議案は立ち消えに成りました。「え、どうして?」と理由を聞くと、ＪＡの御用議員、元農水部長、後原保行議員、宮良操議員がそれぞれ、各議員に電話コメントした。もし調査委員会立ち上げると、子牛の購買者は一人も来なくなり、子牛市場は閉鎖になると全議員に有りもしない嘘っぱちで、脅して回った。

真喜志先生が電話をかけて下さり、公明党の大石先生、平良先生にも、私から事実なので、明日の議会で取り上げて欲しいと依頼したが、まったく取りつく島もなかった。

その八百長、意図的な子牛暴落に対する、調査委員会は立ち消えになった。情けない事に、票が貰えると感ずる先生方は、ＪＡに反旗を翻す事が出来なく、自分の保身のために議会欠席する。

真喜志先生は、もう二度と議員には立候補しない、事業に専念すると、多くは語らなかった。

案の定、後原保行議員、宮良操議員は、ＪＡ職員の不祥事を隠すために、市役所前で鉢巻きをして、「市役所農水部長、市長は何をしている」と、責任の所在を他に振り向ける。宮良議員は当時の黒島部長に電話する。そして、「石垣の子牛の売り込みをしていない責任は市長と部長にある」と迫った。

この身に覚えない言い掛かりに、とうとう黒島部長は怒り、タダで使用している、家畜市場は役所に返しなさいと、宮良議員に怒りを持って言い返した。

市役所前にて鉢巻きの集会は、責任追及を逃れるための自作自演の集会（後半写真あり）

であった、家畜市場を預かる責任は全くない。

市長が全国の購買者に営業に行かないから暴落したんだと、矛先を市長に向ける。二人の御用議員が内実を知っており、大事件にさせないために鉢巻き集会を手引きしたのである。


私はこの件に関して、宮良議員に八重山毎日新聞に投書し公開質問状を出したのです。後原保行議員はその後亡くなっており、宮良操議員のみに出したのです。

それにしてもほとんどの議員が農家の生活を顧みず、ＪＡ職員の不祥事を見てみぬふりする。次の当選の事を考えてか、保身のために目の前で農家が死ぬ事が有っても見て見ぬふりするのだ。

農家はＪＡの為にあるのか　本末転倒ではないか

逆に新しい農業改革や砂糖黍に対する、交付金の要請には食べていけない農家をどうするんだと、義侠心の議論を振りかざす。ＪＡの職員、いや幹部たちは「農家は自分達の為にある」

様な言動をちょくちょくする。農家が資材買いに来ても、いらっしゃいませと言う事はまったくない。椅子からテーブルに足を上げたままでふんぞり反っている。

ましてや資材購入や飼料、肥料の購入時点に、まず延滞や未払いないか、ＪＡに損害を与えないかとして農家を見下し、なけなしの金を持ってきても、１円でも足りなければ、怒鳴り散らして帰らす場面を度々目にしてきた。

飼料や肥料を独占販売し、あり得ない高い価格で売り付け、農家の収入を奪って、経営を立ちいかなくしている責任はみじんたりとも感じていない。役職に着いていないＪＡの一般の職員は好い人がほとんどだが、いったん幹部になると組織を守る為に自己目的の精神構造が醸成されて来る､下を見ないで上ばかり見る可哀想な鮃(ひらめ)人生を送っているのが現実です。

沖縄人が、ウチナーンチュの首絞めている

沖縄人がウチナーンチュの首絞めている現実が個々にある。八重山の畜産農家は、今日まで砂糖黍中心の農業であったので、年に一度しか収入を得られない。

子供が大学に進学する事で、毎月の仕送りが発生するので、子牛の繁殖を始めた人がほとんどで、毎日カンカン照りのなかで草刈りをし汗だくで働き、母牛と子牛を育て上げる。そして出荷時の競り価格の値がつくのが楽しみであり、不安でもある。それを平気で奪う、これはまるで〝ＪＡの奴隷〟そのものではないだろうか。

しかし、悲しいことに長年〝奴隷〟として従属していると、時々支給される補填、補助金、奨励金、表彰状等で手なずけられ、依頼心が醸成される。そして、いかにも「ＪＡ組織がないと農業は成立しない」という意識を植え付けられてきた。

ＴＰＰはお化けにも脅かされ、農業に対する希望、ビジョンは語られず、補助金をぶんどる事で英雄気取り、農業はＪＡの物だと勘違いさせている。

農家を食わしているのは我々だという勘違いの認識をし、組織優先、組織を守る事が仕事と勘違いし、農家をサポートする事は微塵もなく、補助金も全て天下りと組織が掴み金の様に食い潰している。農家を守るのではなく、不正を隠すためのアリバイ作りするのを目の当たりにしている。

この競りの時点で子牛が暴落すると、本来は畜産基金が発動されるが、その基金が発動されない、出来ないのである。

畜産基金の残高１０５億円が存在しない！

何故か後になって分ったことだが、その肝心の基金がなくなっている形跡が見えてきた。これこそ凄い大事件ではないか。新聞には暴落時には、20万円の価格低下と書いてあるが、各家畜市場の平均は正常であり八重山市場、黒島市場は他の家畜市場より少し低いだけである。

新聞の見出しは「大暴落」だが、各家畜市場のデータとして記録に残す記事は下げておらず、子牛価格の平均相場30万円を割ると、基金が発動されるが、発動させないために記録としての記事は下がってなく、発動出来ませんでした。

私はおかしい、変だと感じて、毎日新聞の社長に面談して、正確な数字でない事を伝えた。

ＪＡ側で記録を改ざんしており、新聞社は分らず仕舞い、いや分ろうとしませんでした。

畜産基金供給公社が基金を預かっており、その基金が１０５億円、資金管理団体であるＪＡが預かって運用する。１０５億円は入札によって、沖縄の地方銀行に預ける、全て畜産農家のために運用する事で、国から頂いた基金。10数年前に農協信連から１００億円入札によって移動する事が決まったのだが、当時の担当者は１００億円がないんだと、首を傾げていた？


その後に分ったことだが、民主党政権時に農水大臣に就任した 山田正彦先生は、何を知ってか国に返せという。各都道府県は省で管理しており、沖縄県は離島の特殊性を考慮して、沖縄県で管理運用していた。

その基金が畜産農家のために運用されていない事実がある、多少はヘルパー事業とか、肥育促進事業とかで、お茶を濁す程度の支援事業をしている。

この大暴落の時に、「農家さん相場が安いが、基金を発動して補填をするので、もう少し踏ん張って下さい」と、支給するのが基金の目的である。

しかしながら、肝心のその基金が発動されず、農協への餌代金が払えず、自殺した農家は多数、名護市の議事録に載っている。

不明朗な畜産基金

その基金が発動されなかったら農家さんはどうなるのか、座して死を待つのみ、要するに生産意欲を無くくし、離農するのである。

農地を担保に入れている農家は、土地がたった一坪１０００円以下で競売に出される。

農水大臣就任時にその矛盾に気が付いたのが、山田正彦先生だった。山田先生は長崎で牧場を経営しており畜産の事はよくご存知で、雨靴を履いた先生なのです。農水大臣に就任した時の日経新聞にはこのようにコメントした。

「ＪＡのトップ、中央会の理事が会いたいと言っても、私は大臣だからと言って、（理由なく）一切会いません」と、歴代の農水大臣がＪＡと頑として対峙している姿に、私は喝采したものです。

山田農水大臣が激怒　畜産基金の引き上げを命令！

山田正彦農水大臣から引き上げ命令が出た途端に、沖縄県中央会理事、赤嶺勇ＪＡ関係者は大慌てになる。

政治力をふるに活用し、同じ民主党政権の沖縄選出議員、玉城デニーと瑞慶覧チョービンと三名で、事後承認の議案の要望書を携えて山田正彦農水大臣に要請に上京。

その基金は今まで通りに沖縄県で管理させて欲しいと。

その時、私はこれは絶対に阻止、不明朗な基金の扱い方、悪事、不正、不祥事が存在している、ＪＡ幹部にトドメを刺すべきだ、ちゃんと情報を開示して、白黒がハッキリしてから取り組んで下さいと、玉城先生に要請した。

しかし、玉城デニー先生は手も足も出ない状態、瑞慶覧先生は一瞬唸り頭が痛いと板挟みの苦悩を見せる。

農家の味方のふりをして、票のことしか考えない政治家

この基金が発動せずに、養豚農家さんが何人も自殺しているのだ。

相場が安いが、農協の高い飼料を購入しないと、販売して貰えない。赤字経営は当然になる。それなのに如何にも農家の経営手法が悪いと責め立て、養豚施設や財産を全て取り上げ、強制的に農協の預託事業に切り替えさせる。

預託事業とは１日豚一頭、いくらの労賃金で請け負う。飼料はＪＡの飼料を供給するので、そのための支払いがない分、楽であるが、一生飼い殺しとなる。利益は全て農協にあり、夢と希望の持てる養豚経営は不可能になる。

それを悲観し、ある養豚農家は自分の命を断ち、二年後にはその息子も命を断ったのだ。

農協の預託事業は豚を一日世話して一頭当たり、わずか20円なのです。

名護市の農家の80名以上の自殺者

名護市の市議会議事録には、農家24名の自殺者、北部は56名、合計80名、と記載されている。沖縄全県ではいったい何人？　中部、南部、先島は、合計何名いるか想像がつくでしょう。２００名以上いると言われ、追跡調査しているジャーナリストがいる。

畜産基金供給公社によって牛、豚の相場が安いのであれば、多数の畜産農家の経営破綻が予測されるので、牛一頭当たり5万円、豚一頭当たり、５０００円と出荷奨励金等がサポートされる事で、農家は生き延びる。

私もＢＳＥで会社の閉鎖を余儀なくされた。基金の発動はあったが、支給されていない農家がほとんどである。当時、私は関西で食肉業を営んでおり、社員１５０名、年商26億、有名ブランドの最多購買者、販売業者になっており、郷里に恩返しをする証として、石垣の牧場に多大な投資をし、石垣牛のブランド構築に努力していた。23年間築き上げた会社も基金の発動を受けられずに、閉鎖に追い込まれた。

行政、ＪＡと政官、団体の阻害行為が行われていた事はそのずっと後に気付いた。

基金が発動していれば多くの農家は倒産していなかったのだ。

農林水産業問題

名護市の農業粗生産額は、18年前（革新時代16年間）は年平均90億円で、最高95億円に昇りました。しかし、保守市政18年間が経った今日、60億円を割っています。競い合ってきた石垣市は、105億円になっています。名護市は、18年間で農業を衰退させ、大失敗に終わっています。

この間、名護市で、農業者が23人自殺、北部では57人が自殺しています。

- 平成17年9月議会で、上記の問題を取り上げ、行政とJA・負債農家3者が話し合うことを提案し、市長も積極的に対応することを確認しました。
- 水産業では、沖縄本島の東太平洋側の訓練水域（ホテル・ホテル）統計128° 129°の水域の解除について、10年かかって小泉総理大臣から閣議決定による解凍が寄せられました。平成17年9月議会で、岸本市長は、同訓練水域の解除について、日米合同委員会に名護市として提案するとの答弁をしました。
- 羽地内海・屋我地沿岸域を「ハマグリ」観光のメッカとして提案、稚貝の放流を実現しました。
- *一貫して土地改良後の農業用水の問題を取り上げ、10ヘクタール以上の灌漑用農業用ダムについて、地元負担させないことになりました。

  *土地改良地域の防風林植付けと苗木の確保。

  *三共農業公園を提案。バクテリアを用いて鶏糞・豚糞などの悪臭公害を軽減させ、農家の経営を守るために奮闘。

  *屋部地域のミョウガ生産について議会で取り上げ、付加価値事業の導入に道を開きました。

  *農業後継者の嫁探し問題について提案。愛知県の農協・豊田市を調査した結果を、市内各農協に提案。

話は戻りますが、「基金が存在していない、残高が有るようでない」のである。

私は文書開示を求めたが、基金の銀行残高を15年前から遡って要請したが、開示できませんと、事実上の拒否回答でした。

県農水部、天下り先のＪＡ組織ぐるみの犯罪

その意図するものは何だろう？

目的は後半ページのプロチャートに記載されている。


ＪＡに出口を押さえられている。販売先を農協に頼っている事で、本土より高い飼料を買わされている。

営利事業をしてはいけない、ＪＡ肥育センター施設で肥育する。養豚事業をする事で全農の高い飼料を平気で購入させる、当然赤字経営になるが、小規模の農家は補填せずに、営

利事業してはいけないＪＡ肥育センターにのみ基金の補填を実行する。
最大の目的は、その全農の飼料を購入させる事で、バックマージンが毎年３億５千万円ほどあることだ。これがＪＡの決算書に雑収入として毎年記載されている。30年前から、雑収入とは、幹部達が自由に使える金、交際費、政治献金、謝礼金、天下り先の業者に畜産物をわざと高く買わせて、自作自演、後で補填をするお金。高く買ったＪＡ斡旋の購買者は実力もないのに、高く買うことで農家からはまるで神様扱いである。

畜産農家をサポートする基金が、農協の都合の良いように使われ、農家は畜産から離農する。元農水部長、ＪＡ理事赤嶺勇のお達しで、砂糖黍以外の農業振興がストップする。それに反して農家の為にサポートする職員は左遷され、突然他の部署へ異動させられる。小さな事業は、砂糖黍（きび）産業に影響がなければ採択し、お茶を濁す程度のサポートはする。

畜産の交付金の窓口となる家畜保健所、農業改良普及センター、公社等に、これ以上牛が増えると、彼らの天下り先の製糖工場が倒産する。よって砂糖黍以外の農作物の事業の補助金、サポートは控えて欲しいと各部署に要請。ＪＡのトップに登り詰めた農水部長赤嶺勇は、各部署の人事権を掌握することで、こうした勝手な指示を出せるのだ。

実際に各部署の畜産部員は大幅に縮小され、石垣の畜産職員は二人、三人に減少している。

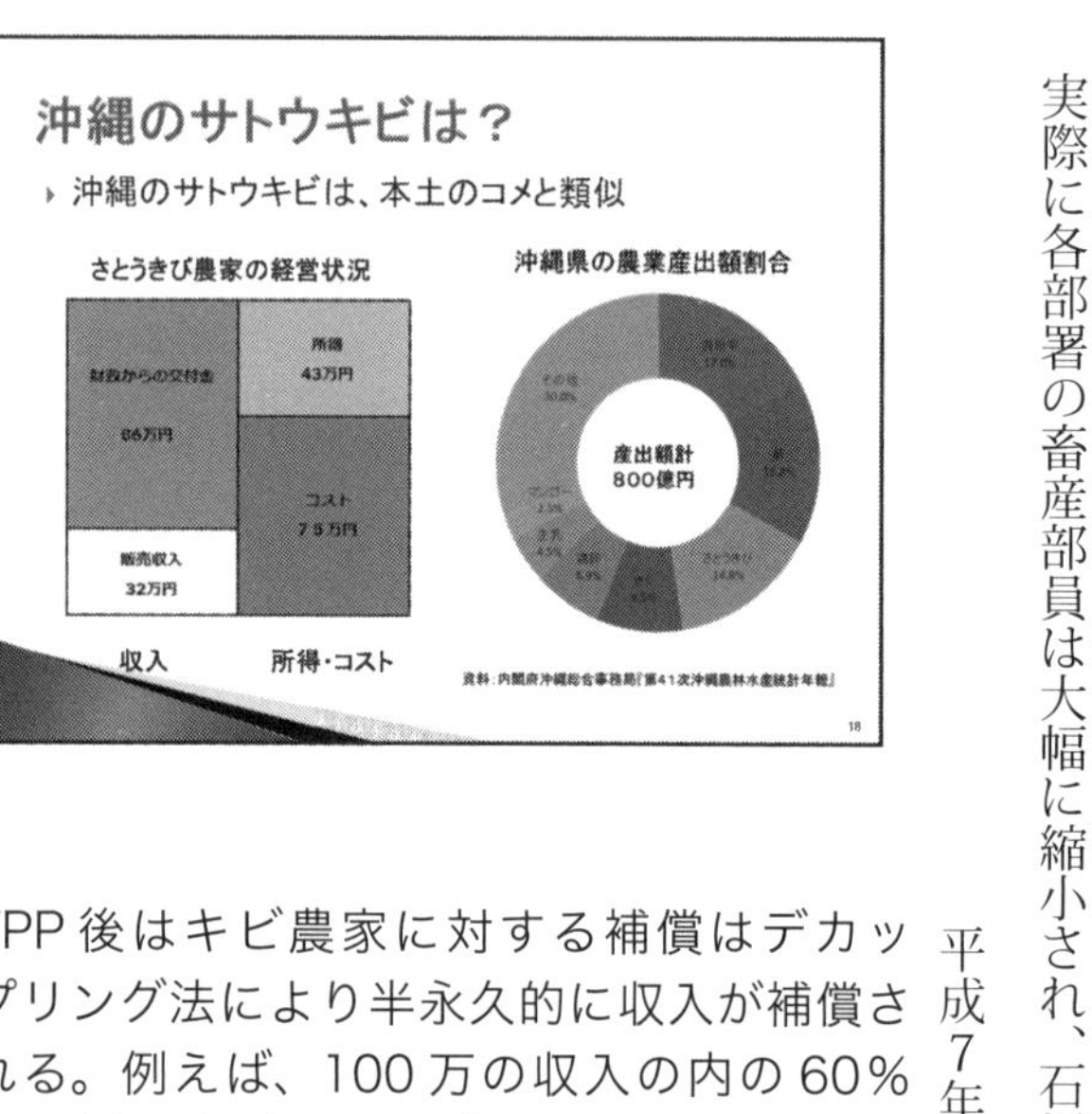

TPP後はキビ農家に対する補償はデカップリング法により半永久的に収入が補償される。例えば、100万の収入の内の60%は肥料、資材、労働費で、純粋な収入は40%。この40万円が補償されるのでキビを止めても生活ができるのである

平成７年度沖縄県の畜産頭数は９５０００頭数いたが、現在は６００００頭数まで減少、毎年度の畜産や他の農作物のサポート事業は、無きに等しい。八重山農林高校の畜産科は縮小、琉球大学も畜産科はない。砂糖黍畑が牧草地に変換されるのを阻止する事が、最優先された。

赤嶺勇会長の思い通りに、

八重山農林高校の畜産科は縮小になる。地元の畜産振興の芽を根元から摘んでいく政策が実行され、畜産の研修、実験、データ取りの予算はことごとく排除されているのである。

砂糖黍以外の伸長する農畜産物は排除

カボチャ、ジャガイモ、有望な作物はことごとく潰す。

何故か、毎年度の砂糖黍の補助金と手数料が40億円ほどあり、これがなくなると農協と天下り先がなくなり、自己否定になるからである。

何十年とかけて構築して来たＪＡの既得権が倒壊する事になるので、砂糖黍は止める気持ちはない。強権的にＴＰＰによる交付金の停止が予測される。

農家のソフトランディグの政策は準備されており、**半永久的に補償する制度が創設**される。農家に不安を与えることでなく、生きる力を与え、希望の持てる農業を導く事はその気になれば容易である。

沖縄県の自立経済の最大の阻害要因、JA、天下り、砂糖黍、製糖工場

石垣では2200人の農家が砂糖黍に従事、産出額は4億円。4億円では農家の収入は不足で食べていけないので、交付金が農家に四倍の16億円、製糖工場には10億円、一年中稼働すれば黒字になるが、サボると交付金が支給される、年3ヶ月の工場稼働。石垣の製糖工場とそこに関連する石垣農業開発組合は、元農水の職員とJAの定年後の天下り先として、機能している。

畜産の産出額は八重山地域で100億の地場産業に育っている。

しかし4億円の産出額しかない、天下り先を維持するために、畜産は排除していく政策が行われている。地域振興よりも、自分たちの天下り先が大事なのだ!

まさに、１００億円の産業より４億円の天下り先が重要なのだ。

2．畜産担い手育成総合整備事業補助率

工種		国補助	県補助	計	農家負担
基本施設	草地造成改良 施設用地造成 道路・雑用水等	67%	23%	90%	10%
農業用施設	牛舎 乾草庫 農具庫 堆肥舎等	67%	16%	83%	17%
農機具導入	トラクター ディスクモアー 運搬車等	67%	16%	83%	17%

本庁のサポート事業が創設されるが一向に実施されない、しない事件があった事を説明します。

沖縄県農業担い手育成事業
市町村負担金０％、国60％、県30％、農家受益者10％

世界中のどこにも例がない、農業振興の補助事業が創設される。

受益者10％は長期に渡って償還金支払い、１億円の10％１０００万円は25年間で支払うから、月々５万円の償還で済む。
牛舎、豚舎、ハイテクハウス建設費用、その機材、トラクター、運搬車、倉庫、あらゆるマシン農機具が、10％のリースで、事業がスタート出来る、願ってもない、夢と希望の持てる農業政策が現在も存在している。しかし、まったく実行されない。その予算はいずれ天下りに活用する。農家に生きる力を与えようとしない行政・政治家が存在する。

農家の有志を集め事業スタートのハードルをクリアし、メンバーと共に石垣市役所に申し出た。すると、役所側はしぶしぶ重たい腰を上げて、県本庁の職員を呼び出し農家の前で説明会を開催した。

申込期限は1週間、それ以内に10％の償還金を先払いし、払えない農家は、10％の償還金支払いの借入を申し込み、無担保設定されている土地を1週間以内に提出して下さいというものだった。
条件としての新規草地開発の土地は3万坪でしたが、9万坪に成りましたと、ハードルを大幅にアップして来た。天下り先の本土食肉業者に適用する。

説明会に参加した我々畜産農家はガックリ。夢と意欲を削がれて解散した。私は次世代につなぐ為にも是非ともこの事業を採択しましょうと、一軒一軒の農家を回り骨を折ったが、ムダになる。二度と農家が集まる事はなくなった。

役所を離れた職員は悪い噂を流す。金城が関わっている、「ゆいまーる」が参加している事業は難しいよと、集まった農家に耳打ちする。

農協不祥事144億超

沖縄非開示　44都府県、常態化

全国の農協職員による勤務先での横領や窃盗、詐欺といった悪質な不祥事が、昨年3月までの10年間に少なくとも1427件あり、被害総額が144億5千万円を超えることが24日、分かった。所管する各都道府県への共同通信の取材や情報公開請求に対し、44都府県が明らかにした。

被害額は毎年10億円を超え、長年にわたり常態化。民間の金融機関は明らかにしていないため比較できないが、金融機関としての信用性が問われ、政府の規制改革会議で進む農協改革の議論にも影響を与えそうだ。

北海道、富山、沖縄の3道県は非開示とし、取材にも答えないため対象に含めていない。10県は文書の保存期限切れを理由に数年度分の不祥事だけを開示した。

全国市民オンブズマン連絡会議事務局長の新海聡弁

横領、詐欺、窃盗の被害

被害件数

「文書の保存期間切れ」していない自治体もあり、たのは10年度以降。12、調査中として被害金額ないケースがある

倒壊ハウス

農協の悪事　窃盗・横領・詐欺の常態化

自民党政権下で、サブプライムの損失を国からの出資、2兆円の損失補填の決定があったが、小沢一郎を筆頭に民主党の野党が阻止した。

その後、全国農業中央会の命令で、47都道府県の営業所から２００億円の出資依頼があった。その出資金の調達原資は肥料とし、全国シェア90％総売上2兆3千億あり、資金調達は容易い。

全国の営業所で真っ先に肥料価格の50％値上げを実行、20キロ袋１０００円の尿素等をいっきに１６００円迄、僅か3ヶ月の間に高騰させた。

石垣では瞬間的に３０８０円迄高騰させ、一時的に２８００円迄下がったということで、わずか3ヶ月で3倍に値上げし、農家に高価格の肥料を押し付けたのだ。

自作自演のストーリーで、農家がオーダーした肥料の5分の1しか販売せず、倉庫に隠し、割り当て制度とした。その時は農協の営業所には農家の軽トラの列ができた。渋滞する売り惜しみする悪行を実行した。
その原因を他に責任転嫁し、善意の緊急対策として、僅かに補助金で補填をする八百長の政策を行った。

日本の農業産出額は7兆5千億

全農の肥料販売額は２兆３千億円。
一般には農家の収入の3分の1が肥料代金に充当される。

化学肥料は石油製品の副産物であり、海外では高騰はあり得ず国内価格の３分の１で流通している。国によっては10分の１の所もある。

農家の収入を奪い、三倍に値上げする事で、３００億円の出資金を調達する事はたやすく、沖縄県農協の関係者と思われる人が出資後に中央会の理事に就任した。合併後、肥料の値上げで農家を続けられなくなった膨大な数の農家の農地が競売された。そのため農家の自殺者が２００人以上発生したことは信じがたいことだが事実なのです。

沖縄県農協は、上部団体の出資金により合併後は債務ゼロとなり、その受益を組合員である農家に還元せず。また、債務のある農家を再生させず、猶予も与えずに、延滞が少しでも発生すると直ちに差し押さえ、競売を実行し債務処理を急ぐ。そのため多くの農家の経営者が自殺に追い込まれた。

その競売に出された受益は初年度30億円、あっという間に上部団体の出資金の回収を終了させ、職員には久方ぶりにボーナスを支給。職員は手を叩いて大喜びする、初年度30億円、次年度15億円、25億円と、出資金による債務ゼロは、債権処理が全額利益となり、久方ぶりにボーナスを支給したのである。

坪単価７００円、１０００円の農地が30億円に達するには膨大な農地が競売に出された事になった。出資金２００億円以上は回収されたのであります。

石垣の島の人の農地が土地が70％以上は奪われ、流民になりかねない状況で、再起出来ないプロ農家が多数存在しています。高い肥料、飼料の売り付けで農家の収入を奪う行為は平然と行われ、その結果、農業が立ち行かない事は明らかなのに、農協には責任はないと、農

八重山毎日新聞　2016年(平成28年)　9月7日(水曜日)

自殺者10年間で137人

八重山保健所

10日から予防週間

レスキューカード配布へ

家自身の責任と思われる事が当然の事となっています。しかし、農家を絶対に潰さない制度はあるのです。農家の土地を絶対に競売にかけない制度を作ることはできる。では何が問題か。こうした事実を知りながら「問題を放置する」政治家が一番悪いと言わざるを得ない。

畜産基金、糖業基金、園芸基金農家のために発動されず

農畜産物は天候や相場に左右され、経営は博打的要素が多大にあり、経営を安定させるために、農畜産物の基金が創設されております。（農家さん相場が安いので基金を発動します、もう少し踏ん張っ

て下さい）が基金創設の主旨なのです、基金の準備金は農家の積立てと、国、県の交付金、補助金を積立てております。

その基金でさえ、**資金管理団体である農協に残高が存在しない。**自己目的に消費された形跡があります。信連に文書開示を求めるが、開示せず、平然としている。基金を発動せず、農家をサポートせず、そのため多くの農家が絶望に打ちひしがれ、**自殺した事実が10年前の名護市議会の議事録**にあります。その人数は80名にもなっている。

私の知人の報告では、３０００万円の借金が、延滞損害金15％も負けずに、７０００万円に言葉巧みに書き替えさせられ、騙されたと憤慨、殺意を持っていたが、周りに説得されどうにか落ち着いたところ、行方不明になり首を吊ったそうです。説得した方も同じく農協職員に詐欺にあい、裁判中で、その知人を説得しなければ良かったと言うほど、憤慨しておりました。

何故か、私のところには沢山の農家の自殺事例の情報が入って来ます。

インチキで取得した商標　地域ブランド石垣牛

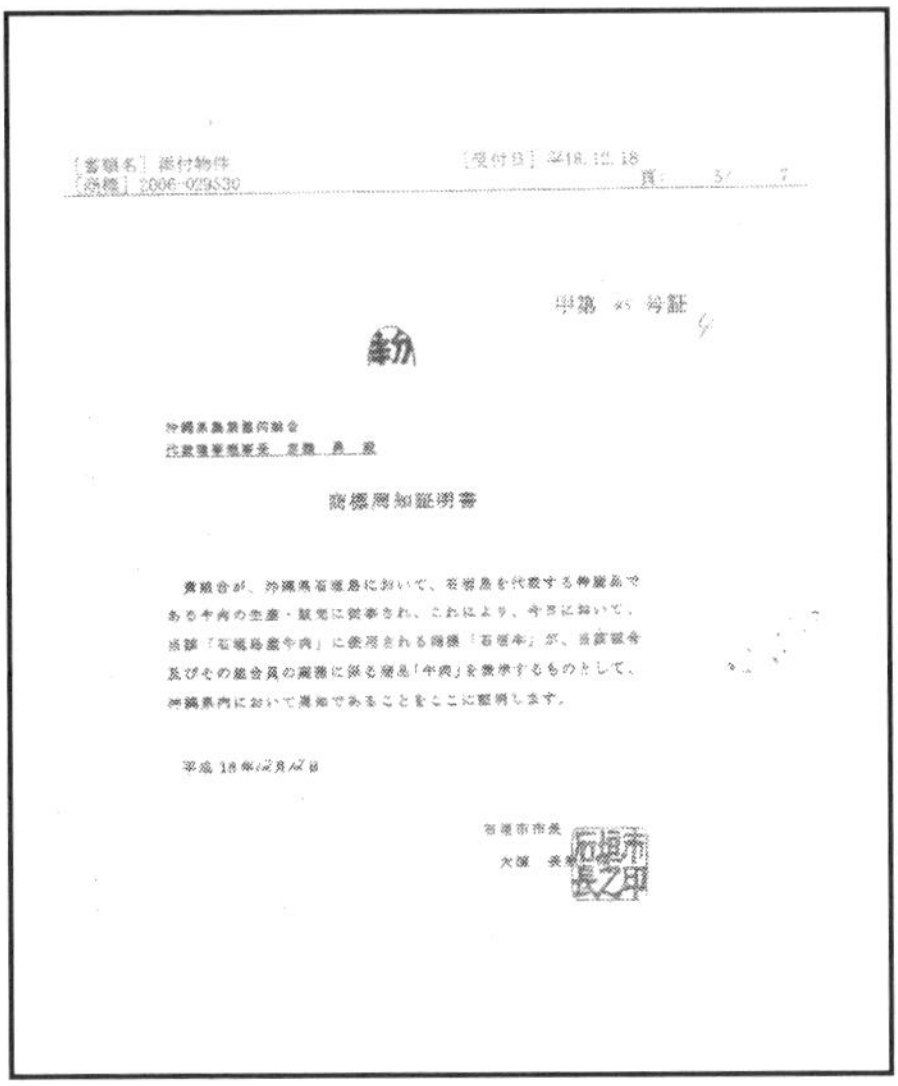

平成20年4月11日　石垣牛の地域ブランド商標取得後、営利事業してはいけない、法令違反のＪＡ石垣肥育センターは、閉鎖されていた肥育場に導入をスタートしました。肥育事業をやめるために子牛一頭15万円～20万円で導入、石垣牛ブランドで販売していたのはＪＡと関係のない畜産農家で、ＪＡの肉牛は存在していません。

低価格で導入するために、ＪＡ側は九州の最大購買者が購入ボタンでの申請時に、本日は現金で購入して頂きたいと要請、何故かと聴くと、金融機関の管理下に入っているからと、作り話をし、競りに参加させなかった。そのため、子牛の相場は大暴落。宮古、南部、北部と、他の市場は正常であったが、９００頭の子牛が競り出される、八重山市場、黒島市場は大暴落、農家の4億3千万円の収入減と新聞記事に書かれた。

その時も基金は発動せず、農家の損失は多大になり、飼料、肥料の代金を払えず土地を取り上げられる。

子牛の相場が30万円切ると基金発動の条件であるが、新聞記事には、30万円以上とウソの記事を書かせた。そのため改竄、残高のない基金は発動されませんでした。

収入の途絶えた農家は、未払い発生し、農地が競売に出される。もう二度と農業などしないと、プロの農家は捨てぜりふを残して離農する。

島の農地は70％以上が競売に出され、多くの農家を離農させた。平成7年、ゆいまーる牧場の法人設立時期には、12万人いた農家が27年時には農家は１９０００人までに減り続けています。

その内１８０００人が年収20万円、年間労働時間１００時間が平均となっています。

では１９０００人に対して専業農家は何人？

それに対して県農水部の職員、41市町村の農水部の職員、農業委員会、農協の職員の人数は、専業農家の10倍数に達しています。

食糧自給率６％の沖縄　自立できない沖縄

20年間で10万人近くの農家数が減少。

その間の観光客数、人口増加、沖縄県内で２・５人家族　世帯数55万世帯

一世帯当たり５・５千円の食料消費支出（55万×５・５千円＝３００億円）

月間沖縄県全体では３００億円×12月＝３６００億円

観光客７００万人で、１人当たり２万円の食料支出１４００億円

合計５０００億円と弾き出される。

それに対して、食卓に上がる食料産出額は３００億円。県内自給率は６％と確かな数字が弾き出される。

毎年度の農水部の予算は１０００億円。今日まで、その予算はどの様に消化された？元の農水部長はＪＡの理事となり、歴代の県内農水の役人はほとんどが農協に天下り。

役人は組織拡大の為に業務を遂行する、元の農水部長は、砂糖黍以外は支援を控えろとのお達しで、そんな思考停止状態が20年近く続く。自己目的化された組織は、天下りの受け皿、斡旋業者となり、ＪＡは系列外出資が20社程あり、全く農業と関係ない会社（沖縄食糧、琉球石油・沖縄電力）に出資をし、農家には全く投資せず天下りを斡旋している。

市民のことは眼中にない役人

ちょうどその頃、国の補助金で豚舎を建てたが、養豚事業を放置している。その施設は創業者が亡くなり20年以上もその施設を利用しておらず、相続人の所有者は役所勤めなので養豚は出来ない。しかし償還金１６００万円は払い続けなければ成らない。病気入院したこともあり、支払いは出来ない。今後のこともありお金は持っとかなければならない。そのため、私に使用させて欲しい、「未払いの償還金は私が代わりに払うので利用させて欲しい」と申し込んだ。すると、あきれたことに、石垣市は直ちに競売手続きする。相続人は憤慨し、市民に対して裁判を始めるのかと、市長にクレーム、部署の職員は病気がちの当事者に対しての哀れみ、同情等はまったく見当たらない。

競売に出された三味線

　石垣市はこの補助事業で建てた施設は、有効利用しないと、石垣市は補助金の全額返済をしなければならない、利用させて欲しいと申込者がいるにも拘わらず、前向きな対策をしない。

私は市長に提案して、市民に対する裁判行政はやめましょう、その償還金の未払いは私が引き継ぎます、償還金を払う責任は無いが、引き継ぎさせてください、その代わり条件として、再整備する事、その予算は市町村負担金ゼロの、担い手育成事業を導入して下さいと、申し出た。

草地開発事業のハードルを上げた9万坪の開発は、市有地を提供して下さいと、よって市民に対する裁判を避けて市民を助けて、担い手育成事業を導入する。9万坪の市有地は、放置している為に何度も自然発火、山火事が発生したことがある、利用して欲しいと市長自身から申し出があった市有地である。

市長も大喜びで取り組んだが、それはどっこい市役所担当者は、ＪＡと協議していないにも拘らず、ＪＡがその草地を使用するとうそを言うのである。

ＪＡと公務員の阻害行為、同じ沖縄人がウチナーンチュの首締めている

その後素早く相続人を裁判に掛けて、嫁さんの１６００万円の退職金を押さえ、支払い

させた。前向きな提案をしてもこの調子である。

全てJAの差しがねである。天下りを約束しているようである。

このような例は各部署にある、民間人を市民をサポートする精神は皆無である。

「公務員は自身の組織拡大のために仕事する」　堺屋太一の言葉

民間人のことは、これぽっちも考えていません。

当選し政治家になったら徹夜してでも自分で勉強して文章を作りなさいと。一度でも役人に文章を書かすと二度と貴方の言うことを聞かなくなります。

私の文章は、この言葉を念頭に置いて読んで下さい。

沖縄県は基地があるゆえに、特別措置法により、交付金は毎年3000億円交付されている。しかし、県民のサポートに有効に役立てる補助金として活用する意欲、精神はありま

堺屋太一先生と

せん、まずは天下り先の事業に活用する、民間人が申請書を出しても採択せず。

天下り先の消化がなければ、年度別の期限切れ、毎年４００億円の交付金を国に返している。

天下り最優先の補助金の消化、何の意味もない事業に、必要でない事業に交付金を振り当てる、発注金額も不明のまま、入札不調でも工事を進めるのである。

自立する精神は、汗かく肉体から産まれる

物をくれる人にヘラヘラあげへつらう飼い犬に、成り下がった民族に、未来は無い！


農水部を解散して、その予算1千億を農家に還元すれば、沖縄はいまよりはるかに発展する。

最後に、あるエピソードを紹介したい。

農協は暴力団より悪い組織だね

私の前の出版本を読んで頂いた、指定暴力団総長、ＵＥ、ＪＯさん、「金城君、すばらしい本だよ。農協（農狂）は、暴力団より悪い組織だね。よく勉強しているね、よく書けたねぇ、勇気がいるよ、君が我々の世界だと総長ぐらいは成れただろうよ」と、お誉めの言葉は有難う御座いますと、深くお礼申し上げた。

頻繁に奥様と焼き肉店舗にご来店頂いているお客様で、私の兄のお店もよく行くのだと大学卒の見識有る、お方です。

「暴力団より悪い組織だね」その言葉を聞くと嬉しく思いました。

一般人に農協の悪事を言うと、私が偏った思想、病んでいるのでは？。半公務員的な組織が、反社会的な行動するわけないと先入観を持っている。

咀嚼して言うと、暴力団より悪党だと真実を述べているのです。

ヤクザだと、組織対組織の争い、テリトリーの線引きで抗争になり、死人が出る事もよく有る。しかし真っ当な顔して、善人の顔して、平気で税金の掴み金を取り、民間や農家をサポートせず、農家の財産を奪い、農家の収入を奪い、農家の生き血を吸ってきた。

平成７年から毎年５０００人の農家を離農させせて、12万人いた農家を、現在は１９６００人まで減少させ、自身の組織拡大に勤めてきた結果が、**３００人以上の農家の自殺が発生している。**自己目的の組織の不祥事が、最近開示、新聞記事に載るように成った。

指定暴力団がいくら反社会的組織で有っても、そこまで善良な民間人を追い詰めて、死に追いやる事はない。

自己目的の組織、自身の天下りの事しか考えない、精神を持っている事が、無意識に農家を追い詰め自殺させたのです。暴力団より悪党だと言われるのは真実です。

それを知っている議員先生達は口にチャックし、次の当選することに専念し、政治の劣化を招いている。グーグル、ネットで検索すると数え切れない、読みきれない悪事が、開示されてます。農協（農狂）は暴力団より悪い悪党。その言葉に筆を執ることに勇気付けられました。

論壇

農業実態 理解せぬJA

「県の天下り団体」の反省を

金城 利憲

「農協の実態踏まえぬ政府」の見出しがついたJAおきなわ中央会農政部長・嵩原義信氏が、13日から2回にわたって書いた、「規制改革が狙うもの」の記事を読み、全く農業、農家の実態を理解していないことに怒りを覚えた。そして今日まで沖縄の農業を衰退させた原因が、どこにあったのか反省が全く感じられない。

借金苦による農家の自殺、JA競売による本土業者による農地買い占め、他府県にない肥料の3倍値上げ、畜産農家のための価格補償には使われていない畜産基金等の多くの問題があり、年とともに農業は衰退の一途をたどっている現実を直視する、謙虚さも感じられない文章である。

衰退の原因の一つは、県農林水産部長や幹部職員の天下り団体となっているJAの体質にある。現在、沖縄の換金作物として脚光をあびているお茶、パイン、みかん、マンゴー、花卉、薬草などはすべて農家が独自に育て上げた物だ。それは県農林水産部長が最初から指導して産業化したものではない。それなのに農林水産部長からJAに天下りしているのはなぜか。そのことを嵩原氏は説明してもらいたい。

評論家の堺屋太一氏は「官僚は自己目的の組織拡大のための仕事をする」と述べており、県農林水産部からの天下りにぴったりすることばだ。それを反省しないで、経済事業が慢性的な赤字になり、それを補塡する形で政府からの公金が使われていると言う元農協関係者の話を思い出した。つまりJAは農家のためになっていないのだ。

農業の衰退は農業人口の減少を見ればよく分かる。25年前は10万人居た、農業従事者は5分の1の2万2千人になっている。そのうち専業農家は4千人ほどで、ほとんどが兼業農家だ。嵩原氏は「農家の高齢化」「都市部への労働力人口の流入」などを挙げているが、それは外部要因のせいだけではないことは、沖縄の農家の実態からJAを見ればすぐに分かるだろう。嵩原氏の論理を見ると、それは上部団体から繰り返されて言われたものであり、沖縄の農業の実態から生まれたものではない。つまり、農家のためのJAのあり方ではないのだ。

全国で報道されたJA関係者の不祥事は144億円に上るが、なぜか沖縄と北海道、富山県の3カ所は開示していない。嵩原氏にその不祥事の開示をお願いしたい。まずは、足元のJAおきなわの実態が分かれば、そこから改革の姿が見えてくるだろう。私がTPPに賛成するのは、それが県の農林水産部やJAの「既得権益の岩盤」を崩す最善の策と思ったからだ。ぜひ嵩原氏にも協力をお願いしたい。

(畜産農家、石垣市、59歳)

2014・6・26 沖縄タイムス

沖縄タイムス 二〇一四年(平成二十六年)六月二十六日(木)五面掲載

第2章　沖縄の自立と独立

沖縄の真の自立を探る

ウチナーンチュのマインドには、ほとんどがこの言葉があると思う。

世界の何処よりも平和を望む、争いを好まないウチナーンチュである。

薩摩支配、琉球処分、沖縄戦、アメリカ統治、現在の日本統治。

過去の武器を持たない、海外交易の時代、豊かであった琉球王国の復活を望んでいるウチナーンチュは多い。

では現在の沖縄が独立は可能であろうか、迷う県民は多々存在する。

何夢見ているんだ、フラーあらんなー、馬鹿ではないか。何で食べて行くんだと、たしなめられる事で、口に出さず、現実で生きて行こうと、独立は諦め夢だけにと、思いを胸に秘めているのがほとんどでは無いだろうか。

今の沖縄は先ずは自立経済の確立！

5年前、沖縄の経済の実態は、GNP3兆1千億、輸入は3兆5千億、4千億のマイナス。

マイナスの補填は、県の税収1200億円。

米軍基地があるために、特別措置法により、3000億の交付金が支給されて、プラス、マイナスでゼロ。

では4000億円のマイナスの原因を取り除く、解決をしなければならない。

沖縄県のスーパー、コンビニの外部調達は3000億円。

パチンコ産業は4000億円。

スーパー、コンビニの食料品は、輸入物の食料品を供給し、バキュームの如く県民の金を吸い取り、富の流出が起きている。貧困の要因である。

県内の食糧自給率は、6％しかない。

観光客の食料消費支出は1人あたり2万円、×700万人で1400億円。

県民の食料消費支出は、一月一世帯2・5人で5万円、×55万世帯で270億円×12か月で3240億円、観光客と合わせて＝4640億円の食料消費支出が県内で起きているが、供給している農産物は300億にも満たない！


何故そのような事が、起きているか？　改善できないか、しようとしないのか。

一般的に正常な思考を持っている市民や事業者は、簡単な解決策を提案出来るが、永年その問題は放置されたままである。沖縄県の21世紀ビジョンを見ても、上から目線で何の効力があるのか疑問。浅知恵の無駄遣いがほとんどで、吹き出してしまうような笑止千万な内容である。ただの紙屋が書いた作文内容に過ぎない。

独立を語らずして、自立経済語れず、自立経済語らずして基地問題語れず

自立経済語らずして独立を語れず

今直ぐに取り組まなければならない政策、市民の生業のサポートは何か？　が欠けている。土建行政、箱物、天下り優先の事業がほとんどです。維持費だけが増えて、ますます予算くださいくださいと、交付金くださいで、自立経済は遠退くばかり、毎年度知事、役人、政治家は補助金くださいと、政府に陳情に上京する。

米軍の基地を置かしてあげている優位性は沖縄であるが、中央にペコペコと補助金くださいでは、沖縄の未来はない。ウチナーンチュは全てのポジションにおいて、片隅に追いやられている。

回りをよく見渡して下さいよ、公共事業の入札はほとんどが本土企業が占めている。物販、飲食店の進出も本土企業、政治家、役人、教授、経営者も、本土の人が増えつつある。

決定権持っているリーダーも、本土の人間ではないでしょうか？

金融機関の地産地消も見てください。

本土企業が進出すると安心感があるのか最優先して融資する。

地元企業は後回し、行政、経済、人材、金融全てにおいて、地産地消が後回し。ウチナーンチュが片隅に追いやられている。飲みに行っても金遣いが良い、本土の客がモテるのである。

ウチナーンチュしっかりしてよ！

反省する事が多い。

どうしてこの様に成ったか？

述べさせて貰います。

自立経済の基本である農業からの視点

県内の農家２２０００人のうち、１８０００人は年間の平均労働時間１００時間、平均年収は20万円である。残り４０００人の農家で農業だけで生計を立てている農家は３０００人もいない。

それに対して、県農水部の職員２０００人、41市町村の農水部の職員は？　農業委員入れて４１００人？　ＪＡの職員はなんと１６０００人もいる。

県農水部の予算１０００億に対して産出額は６００億、食卓に上がる農産物は３００億にも満たない！

観光客には「砂糖黍（きび）かじって下さい」という態度で、まるで〝おもてなしの心〟が欠けている。

観光客は異空間を求めてくる。日常的な食物で満足しない、辛うじて沖縄の美しい海で取り繕っている。

県農水部を解散して１０００億の予算を農家にあげると、自給率が向上する、公務員は自らの組織拡大に努める。市民のサポートは後回しがこの様になったのである、天下り先のＪＡは砂糖黍で、年間40億の手数料を頂く。

砂糖黍を止めることは自己否定になる。砂糖黍をやめると農協は倒産する。

補助金・交付金をもらって事業する会社は、それがストップすると足腰が立たなくなる。今日まで努力して畜産農家が作った「石垣牛のブランド」だが、これ以上牛が増えると製糖工場が潰れる。

砂糖黍以外の支援事業は一切ストップしろと、元農水部長がＪＡ中央会長になり、お達しを出した。

もう10年も砂糖黍以外の補助事業は消化せず予算は返納している。市町村負担金ゼロでありながら返す。目の前に親が一億円の金をあげるといっても実行しない現実がある。

石垣だけでも40億の予算がある。石垣市の年間公共事業が40億円相当額で、それを実行すれば土建業者は潤う、石垣市のキャッシュフローは高まる。石垣では、これ以上発展すると製糖工場潰れるとして、企業進出の阻止、移住者の増加阻止。ブームで移住者が年間５０００人も増えた時もあった。島全体に農振を被せ市民の資産価値を下げる、砂糖黍を生産しない農家には競売かける。

砂糖黍以外は一切融資するなの命令、役所とＪＡが結託して農家を潰していく。

砂糖黍のために島の発展阻止のために、景観条例を設定。

今では石垣市の農地と土地はほとんどが外部に買われ、島民は流民になったのである。

何故、砂糖黍にしがみつくのか？

製糖工場は年間３ヶ月の稼働、サボったら補助金が貰える１００億も、農家と製糖工場で２３０億円。元農水の職員、ＪＡの職員が天下りして、年間３ヶ月しか働かないが、渡りの退職金を貰う。

農家は年間平均20万円の収入でやっていけない。だから80万円の補助金もらい、80万円

の4分の1、20万円は天下り組織にピンはねされている。

それが為に、既得権を守るために砂糖黍を基幹産業だと言う、離島が無人島になると言う、石垣島全体で生産額は2200人が働いて4億円しかない！

JA―製糖―黍農業開発組合等、二度の渡りで退職金

畜産は550世帯で100億近く伸長したが、これ以上牛が増えると製糖工場が潰れるから減らせと言う。実は本土の畜産業を支えるのは離島の沖縄南西諸島で、これらの島が日本の和牛を支え

ている。

何故なら４億の生産額は足りないので、生産者に16億の交付金が支給され、製糖工場に10億の交付金が支給される。県内で５０００億の食料消費支出があるにもかかわらず、天下り組織の既得権が大事と、県民の農家の所得が上がる事よりも、交付金が貰えることを優先する。

復帰後40年間、毎年度２４０億の交付金が支給され、今日まで1兆円が支給された。

砂糖黍畑の土地改良にも何千億の交付金が支給された。

一般の企業で資本金１０００億は1兆円の売り上げ、雇用は一万人が普通である。政治、政策、議員、役人の無能さが分かる、過去に映画がありましたね、「無能の人」という、まるで思考停止している。

勉強していない政治家も問題である。次も当選したい、この次も当選したい、朝から晩まで挨拶回り、この次は息子を当選させたい。政策は後回し、テープカット市長、町長、村長。

朝早くゲートボール進行式、９時にはママさんバレー授与式、１日10回テープカットする事もある。

この様な体制で沖縄が自立出来るでしょうか？

多くの県民はこの事実を認識しておらず承知していない。

県の職員は中央の支援事業があっても、周知させず、申請も受け付けない。

農家の事業計画は、整合性がなく却下と言う。六次産業化事業を却下された私は裁判の寸前までいって採択させた。とうとう農水大臣から容認しなさいと文書がきた、勝ったのである。しかし、窓口の金融機関には、県の職員が出向しており、受け付けしなかった。

農家に輸送費の補填事業が決定され、ＪＡのみ交付金を支給させた。

我々農家が受け付け申請すると、受け付け期間を過ぎており終わったと、ウソを言う。アリバイ作りする。説明会を開いたと、予算の消化を惜しみ、天下り組織に交付し、定年後はそれを実績として天下る算段だ。定年した上司が人事権を握っており、鮃（ひらめ）のように市民を見ず、上だけを見て生きている。可哀想な人生を送っている役人です。

毎年交付金が４００億は消化せず返還されている。今年度も消化されず返還された。
議員の先生方は基地反対のエネルギーを自立経済の確立、行財政改革に向けて欲しい。

補助金は要らないから基地は持って帰って下さい！
辺野古、普天間の解決策はこれです、自立経済の確立。

もう辞めよう砂糖キビ

沖縄は交付金を削られても微動だにしない。それがなくても食べて行ける。
本土政府のお荷物ではなく、経済的に自立する事が独立することです。
補助金ではなく制度を下さいです。
過去に薩摩支配で砂糖の利益に目を付け９０００両の銀を琉球王府に支払った。
薩摩は黒糖で琉球から搾り取る。

明治の「琉球処分」時には、琉球王府は莫大な借金があり、何も言えなかった。

先の沖縄戦の時には、日本軍に食料を奪われ、多くの県民は餓死して死んだ。それも砂糖キビを植えているので食糧の生産は行われていない。

対馬丸も沈められる事が分かっていて口べらしで、疎開させられ、疎開先でも食料はないと知っていながらも、戦さの足手まといに困るので、無理やり疎開させたのが真相です。

自立するために何から始めるか？　改革が真っ先です

砂糖黍は止める、農狂（農協）は解体する、県の農水部は人員を減らす、一千億の予算は天下り、人件費ではなく自給率向上に振り向ける。自給率6％の農水部は解散して、その一千億を農家に援助したらどうか。

役人は、やらないでもいい仕事を次から次に作り、パーキンソンの法則に陥っている。

このくらいの事の知恵は、誰でもある、やるかやらないか？

では県民はどうするか。

選挙で改革意欲のある先生を選ぶ、テープカット市長はとんでもない。

政治家は市民に何をして食べさせていくのか、お互いに尊重しあって、いかに住み良いコミュニティを作るか、それが政治家の仕事！

テープカット等している暇はない！

私はこの様に思考してきた。実行してきた。

石垣牛のブランド作りに努力してきた。

農業もしている。

根底には幼い頃から沖縄独立心が芽生えていた。

小学生の時に本土に転校して、回りからの疎外感は気が狂いそうな位だった。沖縄人と言われ土人の生活をして来たのだろうと、聞かれ思われていた。

同じ言葉、同じ日本人として当たり前のように本土の同級生と接触していたが、その疎外感にハッとし、とても寂しい思いをして育った。

だから沖縄に帰れると思ったときはどんなに喜んだことか。

船で帰り、沖縄の島が見えた時は、自分の故郷はなんと美しいのかと、その時子供ながらに感激した。

復帰運動が盛んになるに従って、「大和になるのは嫌だ」、先生は何故復帰運動をするのかと非難した。

中学生の時に独立の作文書いた。それ以降は独立＝自立志向、特産品作り、ブランド作りの思考を前提に仕事をしてきた。

なので、私はその決意をもって「石垣牛のブランド」を作って、地域起こしに力を注いだ。

自立経済確立の最大の阻害要因は？

日本の国ほど意欲ある農家を阻害する国はない！　輸入物に溢れる国民は不幸である。

豊かに暮らせない。富の流出が止まらない。

ウチナーンチュ自身がそれを知らないと思う。

それを放置して来た議員の先生方は責任重大である。

沖縄県の農水部、41市町村の農水部、規模拡大の農業事業者に対して、意図的、無意識に阻害行為をする。

何故か？

人事権をＪＡのトップに握られる、ＪＡに天下りした元農水部長の赤嶺勇は、畜産を自分の意向で選択している。

畜産課の職員を大幅に減らす、園芸に異動する職員、獣医大学の卒業生を採用せず、獣医大学出身の職員も畜産課には配置せず。

農業に夢を持った農高校生に圧力かける

畜産大国の、石垣の畜産課の職員。２人のみ、とうとう八重山農林高校の畜産科は縮小。広大な牧場を所有している高校であるにもかかわらず、北部農林高校では、農林高校で育てた「アグー豚」をテレビの料理番組にアグーの名前を使用したと、ＪＡ理事長自身が乗り込み、クレームを付ける騒ぎがあった。そこで、北部農林高校は、茶グーブタとしてネーミングする事態になった。
ＪＡのアグー豚は自豚で商標を取った。類似商標違反と思われる白豚をアグー豚として販売している。

これから農業で夢と希望をもって社会に出ようとする農高生にも圧力かける。統制経済の極み、マルケイ経済、マルクス、レーニンの共産主義の思想、個人を無視し、団体を優先するファシズム、ファショの極みではなかろうか。
気の毒に、農水部の職員は退職するまで、上ばかりみて一生、鮃（ひらめ）人生送らなければならない。可哀想でつまらない人生送るのみ、能力を全力出しきって、多くの人に役立てる県民の向上に役立てる、人生を全う出来るか？　疑問です。上ばかりみて、ゴマスリで出世するので有れば、芸能界に身を置くべき、ＪＡに人事権を握られた、公務員は可哀想です。

堺屋太一先生の言葉に、

「公務員は自身の組織拡大のために仕事する」という言葉がある。

まさに天下り天国　沖縄県の姿がここにある。

国　70億円引き揚げへ　食肉価格安定基金

２０１０年２月16日

【東京】県の畜産振興を目的に１９９１年度に創設された県食肉価格安定基金１０５億円（国拠出70億円、県拠出35億円）について、政府は３月末までに国拠出の70億円を引き揚げる方向で調整を進めている。基金引き揚げは政府の行政刷新会議が２００９年11月に実施した事業仕分けの過程で指摘された。事態を受け、仲井真弘多知事と赤嶺勇ＪＡ沖縄中央会会長は15日、農林水産省の山田正彦副大臣、民主党の一川保夫副幹事長を訪ね、基金を存続した上で、運用益で事業を行ってきた仕組みを改め、全額を取り崩して県が使えるよう見直すことを求めた。

仲井真知事らによると、山田副大臣は「沖縄の特殊事情は理解している」とした上で、政府方針で決定済みと強調、存続は「難しい」との見解を示した。一川副幹事長は「政府方針であり、農水省の判断では（転換は）困難だ。政治的な判断が必要ではないか」との見解を示した。

政府の行政刷新会議は「運用益で事業を行っているものについては基金相当額を国に返納し、必要額を毎年度の予算措置に切り替える」と決めた。農水省は県食肉価格安定基金についても「この方針に基づき対応する」とし、国拠出分を返納の方向で調整している。


同基金は91年に政府が牛肉の輸入を自由化した際、輸入牛肉から調整金を徴収して食肉の需給調整などに充てていた従来の復帰特別措置に代わる制度として創設された。県外に豚肉を出荷する際の輸送費の助成や、肥育牛導入時の奨励金交付に充てている。

農水省は基金事業の見直しについて「（返納分を）予算化するので、事業をなくすわけではない」と説明している。ただ、輸送コストがかさむなど生産・出荷環境が不利な沖縄の特殊事情を考慮した独自の基金枠を失うことで、今後の畜産経営安定対策予算の確保を不安視する声もある。

要請には民主党県連の玉城デニー、瑞慶覧長敏の両衆院議員が同席した。

そこで、農協はアリバイ作りを始めた。

20年前には２５０億円もあった、沖縄県畜産基金供給公社の残高が、どの様に畜産農家をサポートしているかは、山田正彦副大臣は知っている。長崎県出身の副大臣は地元で牧場経営しており、畜産行政を良く知っている先生で、農水大臣に就任した時点で、新聞に「私は農水大臣になったからと言って、ＪＡ中央会の会長が面談を申し込んでも、一切会いません」と新聞記事にコメントした。こんなコメントをした大臣は歴代の農水大臣で初めてではないだろうか。一本筋の通った大臣に私は大いに期待しました。

山田大臣は基金の使途不明を知っており、国で管理すると返還を求めた。慌てたのが沖縄県ＪＡである。今日までその基金は畜産農家に生かされていなかったからである。元職員からの通報で農協信連に預けている、基金のお金を金利の高い、地元銀行に預ける事になっている。

入札開始するので銀行の職員を呼びつけ、基金の資金を移動することになったが、信連には肝心の残高がない！

異常事態である。

どこでその基金は食い潰されたのか？　農協は本来営利事業をしてはいけないにもかかわらず、ＪＡ肥育センターを経営、７ヵ所３０００頭以上、一頭残らず赤字経営しているため、その補填に消化されたのではないか。一頭10万円～20万円以上の赤字経営は何故生じるのか？


県内消費を拒み全て名古屋の全農荷受け会社に出荷する。

その全農荷受け会社の役職者は、買い手先の業者に、専務、常務として天下りする大手の名古屋の政治力がある企業である。県内の零細、畜産農家も名古屋に出荷する事が義務づけられて、ＪＡ肥育センターの県産和牛と同時出荷する。

確実に採算割れする価格で競り落とされる。談合競りを善良なＪＡ職員が、クレームを付けると、「30年前から沖縄県の畜産を面倒見ている、イチャモンを付けるな」などと、政治力のある団体を恐れさせる言動が出てくる。

ＢＳＥ騒動が落ち着いたところ、沖縄県内の食肉販売業者はこぞって買い受けを申し出た。

輸入肉でなく県産を扱いたいと。大手のスーパー、ハム加工業者を筆頭にＪＡ肥育センターに３０００頭数存在している県産和牛を納品して頂きたいと。ＪＡ側の返答は、名古屋の全農に出荷しているので、名古屋で競り落としている名古屋の食肉業者から、必要部位だけ買い戻して下さいと、唖然とする回答である。**地産地消をとくに拒んでいるのは農協であった。**

そのカラクリはこうです。

バックマージン欲しさに農家を潰す

営利事業をしてはいけないＪＡ肥育センターに、３０００頭数の県産和牛が飼育されて

使い込まれた畜産資金100億円

沖縄県における食肉価格安定対策の経緯と今後の対応について

1　昭和43年、「肉用牛振興特別措置法」を制定。琉球政府は、輸入牛肉等から調整金を徴収し、畜産振興に活用。

本土復帰

2　昭和51年、(財)沖縄県畜産振興基金公社を設立。当公社は、輸入牛肉から調整金を徴収し、畜産振興に活用（調整金の徴収額は、年間約８億６千万円程度）。

牛肉の輸入自由化対策

3　平成３年３月、調整金制度の代替措置として、国（農畜産業振興機構）の補助により、『食肉価格安定基金（105億円：国70億円、県35億円）』を創設。

牛肉の輸入自由化

4　平成３年４月、牛肉の輸入自由化に伴い調整金制度が消滅。

行政刷新会議による事業仕分け

5　平成21年11月19日、行政刷新会議は、「公益法人等の基金で専ら又は太宗が国の資金で造成されたものは、基金相当額を国に返納し、必要額を毎年度の予算措置に切り替えるべきである」と決定。

農林水産省等への要請

6　平成22年２月15日、行政刷新会議の決定を踏まえて、県、ＪＡでは、国に対し、「全額を取り崩して、本県の畜産振興に使わせて欲しい」旨の要請を行った。
（農畜産業振興機構（当時、畜産振興事業団）は、輸入牛肉の売買差益を原資に(財)沖縄県畜産振興基金公社へ７０億円を補助したものである。）

衆参農林水産委員会で決議

7　同年２月19日、衆参農林水産委員会で「畜産物価格等に関する件」が決議され、決議書の最終項目に「沖縄食肉価格安定基金について、～中略～、沖縄の特殊要因に十分配慮すること」の文言が記載されている。

今後の対応

8　１０５億円の基金を存置したまま全額取り崩し、県の裁量で畜産振興に活用できる仕組みとする必要がある（高率補助）。

いる。

飼料購入代金は毎月６０００万円以上、年間7億2千万円。

本土の全農の飼料はトンあたり４５０００円ほど、海上運賃は８０００円ほど。５３０００円ほどの飼料が、ＪＡ肥育食糧の購入では６５０００円もする。

全農からの毎年のバックマージンが3億5千万円、決算書には、使途自由自在の、雑収入として計上されている、30年以上も、１００億円以上の金である。バックマージン欲しさに、赤字経営のＪＡ肥育センターで県産和牛を飼育する。経営を維持するために農家のための基金を食い潰すのである。

基金が発動されず、畜産農家の倒産、自殺者が続出！

沖縄のほとんどの養豚農家を支配下に置いているＪＡ・農協。「豚1頭の1日の世話代はたった20円」という考えられない料金で実質支配している。農家の夢と希望を根底から破壊する農協という信じがたい組織。

本来、基金の目的は、今日相場が低いので、基金を発動するので踏ん張って、畜産経営を頑張って下さいという、その為の基金のはずである。

それをバックマージン欲しさに、基金を食い潰す。

資金使途は、目的は、理事の交際費。退職金。政治資金。

お分かりでしょうか、ＪＡ理事は沖縄県農水部の部課長が理事に天下り、農家出身の理事は一人も存在しない、自己目的の組織、団体です。

くり返すが、基金とは本来、農家さんに、「今は相場が低いので、何とか踏ん張って経営を維持してくださいよ」という為の基金ではないか。その基金が、天下り奨励、政治資金、天下り先の会社のサポートに使われている。民間の農家、農業者をサポートする精神は爪の垢ほどもない。基金によってヘルパー制度を創設した時も「ゆいまーる牧場は大規模農場」と言って、ヘルパーに該当しないと却下、資金管理団体の農協の意向で、ストップをかける。何の問題もなく数年間、利用している業者を突然ストップする。もちろん利害感情で采配している。こうしたありとあらゆる「社会悪」を公然と実行する。それは申請の可否に始まり、交付金、融資にまで及ぶ。

補助金、ロンダリング、その掴み金で系列外出資、天下り斡旋

不明朗な畜産基金の運営は、文書開示によって、私は開示請求しているが、開示出来ませんとか、個人情報として何度も拒否にあう。交付金にしろ、補助金にしろ、補助事業等、掴み金の交付がほとんどで、その検証に立ち合う、議員は一人もおらず、農水部の予算１０００億円は今日まで無駄に使われ、沖縄県の農業を衰退させて来た。

22年前に農業に従事していた農家は10万人以上、今日は2万人。
22年前の農業産出額は１１００億円以上。しかし今日は６５０億円。
22年前の貨幣価値からすると大幅な落ち込み、衰退である。

補助金で建てた施設は、最大限に有効利用しないと、国の会計監査で全額返還命令が発動

される。

なので事業の後継者を斡旋し、その後継者をサポートして、有効利用しなければならない。

もし補助金の返還命令が発動されると、石垣市は破綻します。

毎年度の公共事業が50億円ほどあり、その償還原資20％、10億円を石垣市では確保せねば、毎年度の公共事業は実行出来ません。例を挙げれば、以前にひとつの養豚施設を、意図的に原野のまま地名変更せず倒産させた。〝倒産したのでなく、させた〟と表現します。


その養豚施設が立ち行かないために不動産業者に売却された。

リゾートにすると開発許可申請書がだされた。

当然に不動産業者は、投資効率を考えて、命の次に大事な金を注ぎ込み、その倒産した養豚施設を買い取った。風光明媚なだけに高値で投資したが、開発許可を石垣市は出さない、出せないのである。

とうとう裁判が始まり、全国で放映される。

石垣市の土建業者が倒産する危機に追い込まれる。

補助事業で建てた牧場は、上物の建築物は国の施設、償還金を全額払い終るまでは、事業目的の施設として、最大限に目的施設として事業する事が義務づけられている。

履行出来なければ、つぎ込んだ補助事業費用は全額、国に返還することになっている。

その金額は９億円。

石垣市の準備金から取り崩す事になる。

すると単年度、毎年度の公共事業総額45億円に対する、償還原資が不足している、石垣市の公共事業は翌年は全てストップし、石垣市民の三人に一人が土建業に従事しており、体力のない土建業者は、倒産するのは確実な状態になる。

何故、その牧場は本土の不動産業者が買えたのか。

補助事業の牧場地目は農地として、登記変更し農業以外の目的は不可能にすべきなのであるが、石垣市畜産課の後原保行は意図的に原野のままに放置していた。

補助事業で建てた牧場は倒産するパターンが定説化しており、（砂糖黍と畜産牧草地の奪い合い）倒産を見越し原野のままに放置して、農協の不良債権処理に貢献する為に、少しでも高値で売れれば、債権処理は速いからだ。
畜産課長の後原保行は、農協の参事の天下りポストが約束されていた。畜産基地事業の施設が、あちらこちらで原野のままに、登記変更していないのが見受けられる。

畜産振興する担当者が、畜産を阻害する、農協の理事赤嶺勇（元農水部長）が背後の仕掛人である。農水部の人事権を握られた公務員は、自己目的の仕事をする、不作為はところどころで発生する。砂糖黍（きび）以外の農家は平然と意地悪をされるのだ。
数え切れない程の不作為が発生するのは、砂糖黍と他の作物の土地の奪い合いが原因で、元農水部長の農協理事のお達しが各振興課で発生する。

ありえない
農業振興事業の締め切り1週間前に説明会開く

条件のハードルを大幅にあげ参加を不可能にする。

阻害行為はすれど、農業推進、サポートはやる真似、アリバイ作りでお茶を濁す。

一例をあげたら切りがない程、専業農家の数より、何倍もの職員、公務員が存在する。その公的機関の職員総人数で、不作為を行うシステムが構築された、沖縄県で、５０００億円近くの食料消費支出が伸長しても、生産、供給の為の農業振興に取り組む事は、農協にとっても、天下り先のポストをなくす公務員にも自己否定に陥る。だから無意識に阻害行為をする、そもそもしていることを認識出来ない。

国民の公僕である人間が、自己目的の為に仕事をし、県民の生活を顧みないため、沖縄県は日本一所得が低い県に位置づけられている。

公務員を責めても仕方ないのであるが、減点主義の組織を「加点主義の組織」にするには、投票で選ばれた議員が主体的に役人に指示をして仕事をさせなければならない。減点主義の公務員に、議員の先生が「自分が責任取るので仕事をしろ」という指示をしなければならない。

しかしながら、現実には勉強していない議員、先生方が、集会、挨拶回りやテープカットに時間を費やし、次も当選したいという〝議員本能〟が強い。それをいいことに、これ幸いと公務員は自己の組織拡大の為にせっせと仕事をする。

まさに、「政治の大劣化」が、沖縄県民の所得が日本一低い原因を産み出している。

話は戻りますが、その事件を解決するために、大阪で事業している私金城を招聘し、事件のあった牧場の後継者として、私も裁判所に立ち会い、事業を引き継ぐ事で解決させたのである。それで会計監査の補助金返還命令は免れた。

私のお陰で首の皮一枚が繋がった状態から解放されたのである。

その後、私金城は他の地域で牧場選定を一から始め、見切り発車で福中牧場を借地したが、その後の認定農業者、農業資格者としての認定は4年間も取得出来なかった。

石垣市に多大な貢献をしたにもかかわらず、私に世話になった本人、後原保行はソッポ向き、潰しにかかっていた。

それに気づかない私も間抜けであるが、これも全て農協の意向である。

農協には新規農業事業者を減らしはするけれど、増やしていく、振興して行くという考えは、微塵もないのである。

ある。

統制経済の、マルケイ経済の極みである。２０００人の農水部の公務員が、右へならえ、で新規農家の阻害行為する、凄まじい、浅ましいの限りだ。

県農水部を解散し、１０００億円の予算を農家の振興に使えば、自給率は大幅にアップする

沖縄県の農業衰退の原因は、もうお分かりでしょう。

砂糖黍がなくなると、農協は存在の自己否定になります。年間40億円の砂糖黍の手数料が喪失するからだ。天下り先の確保の喪失である。だから〝いつまでも砂糖黍にしがみつく〟事が組織の最優先なのである。

沖縄の自立経済の達成は、遠い先の事、夢のまた夢の現実。

この現実を知らない沖縄県民、そして行政の先端にいる議員がこの現実を知らないのだ。

だから、私の報告を聞くとみな唖然とするばかりだ。

歪な農業、わが故郷沖縄県の農業生産額、生産物、そこに携わる行政、農業団体、政治家の劣化とその真実と本質をこの本で述べさせてもらいます。

この本の出版時にはもっと大幅に伸長しているGNP。

復帰後、沖縄県のGNP3兆1千億、輸入は3兆5千億、4千億のマイナスであるが、今日まで成長発展して来た。マイナスは県の税収1200億円、基地があるゆえに特別措置法により毎年国から3000億円の交付金が交付され、復帰後10兆円も、交付されて来た。


観光産業は5000億円の産出額、発展は著しいが、逆におもてなしの心は欠けている。それは観光客が食するご当地の特産農産物の料理がほとんど外部調達である、ここ沖縄でしか食べれない農産物は、ごく一部である。

観光客の目的は、異空間、異体験、普段の生活から、全く違う異空間に身を置くことである。沖縄の自然と体験で、初めて見る食べ物も、初体験で感動する。

観光産業は何のためにあるのか。地場産業育成の為にあると信じている、外部調達の食材で感動する人間はいない。何とか綺麗な海で、助けられているに過ぎない。観光客のアンケートでも、数年前までは食べ物は最悪との、回答が大多数であった。おもてなしの心が欠けている沖縄の観光産業、地場産業育成に寄与が薄く、沖縄県の所得が日本一低い事が統計にもはっきり表れている。

数年前に出た統計だが、６４０万人の観光客が、食事に消費する金額は平均一人当たり２万円×６４０万人＝１２８０億円以上、お土産物の消費でも１０００億円はある。そのところから沖縄県は自立出来ない。経済、農業の歪みが見えてくる、政治家も誰一人地域経済の問題点を勉強していない。

わたしはその事実を指摘し、「沖縄県民は何故日本一低い所得なのか」という本を書いて、差し上げて説明すると皆さん唖然とするばかり。何から手をつけて良いのやら、お手上げ状態、その勇気すらない。

何故かと言うと、団体と天下りを支援する公務員団体からも票が貰えなくなる、先生（議員）のポジションに居られなくなる。次も当選したい、この次も当選したい、この次は息子を当選させたい。だから冠婚葬祭に追われ、人の集まる場所探して挨拶回り、とうとう行政や、市民、農家、事業者のサポートは後回し。改革意欲は薄れて行く現実が、「所得が日本一低い沖縄」を作り上げたと言っても過言ではない。

沖縄県民の食料消費支出額は、一世帯当り一月、55760円

世帯数　55万5690世帯

金額は一月で309億8527万4400円×12ケ月

3718億円＋観光客の食料消費支出1200億円

合計4900億円の支出

それに対して、沖縄県の農業産出額は800億円。

サトウキビ、子牛、花き園芸の食べられない産出額と水産業を除くと、300億円にも

満たない。
４９００億円の消費支出に対して食卓用は３００億円なのである。

食糧自給率　わずか６％

沖縄県の農業従事者２２０００人のうちの１８０００人は年間労働時間が、たったの１００時間、年収はわずか20万円煙草代金分である。残り４０００人ほとんど兼業農家、専業農家は僅か。それに対して県の農水部職員と41市町村農水部職員、ＪＡ職員を合わせると何万人居るか？

県の農水部の予算１０００億円で、食卓に上がる産出額は３００億円ほど

これに唖然としない人はおられないでしょう。
全国の市町村に支給される交付金は、基地がある沖縄県には特別に３０００億円。おまけに一括交付金が１５００億円、ＪＡ団体だけでも数百億円支給されるが、農家のサポートは、雀の涙程度しかしていない。

サトウキビが沖縄県の自立経済を阻害して来た

サトウキビは全世界で、1億5千万トン生産され、消費は23%、77%は在庫されている。**生産価格はキロたったの4円。**

労働生産性は低く、土地と労働力を必要とする作物。

一町歩の黍畑で、収入は150万円程、非効率で農地面積の狭い沖縄県には、不向き。

ちなみに千坪の園芸作物で年収1000万円が可能である。

（人間が食べる黍より、牛が食べてくれる方が高く、良い飼料になる）

キビ農家の換金作用のソフトランディングは容易に可能！

沖縄県で生産されるサトウキビを飼料にすると、製糖会社が買い上げる価格の20倍の収入が得られる。人間の背丈で早く刈り取り、年三回、四回と刈り取りする、飼料にするとトン１５０００円で牛が食べてくれる。輸入草はトン5万円以上もする。沖縄県の全頭数の牛が食べて飼料にすると、足りないぐらいだ。

毎年サトウキビの交付金は農家に１３０億円、製糖会社に１００億円、製糖会社は年３ヶ月しか稼働しない、外国から購入し、一年中稼働すると黒字になるが、**サボると補助金を貰える体質**、天下りは多数存在する。台風がくるので、この作物以外生産出来ない、「サトウキビがなくなると無人島になる」と欺瞞の報告する。

補助金を貰う製糖会社のオーナーが日本で15番目のお金持ち、補助金でお金持ちになる等矛盾している。（沖縄県の農地で数千億円の富の産出を見過ごす、大勢の人間が束になって生産するが補助金の無駄使い）

農産物で３０００億円以上の自力可能性を阻害して、交付金に甘んじる体質は、止めにしなくてはならない。沖縄（琉球）の歴史には薩摩藩の時代があった。サトウキビで搾り取られ、納税額は全国一と言われた時代があった。琉球王府は疲弊し、莫大な借金が、薩摩藩と政府にあり、琉球処分には、主権を勝ち取ることが出来なかった、悔やまれる歴史がある。

サトウキビでは絶対に豊かになれない

戦中は、換金作物のサトウキビが中心で、米軍の攻撃が始まると、日本軍と住民の間で食べ物の奪いあい、強制的に奉納され、住民は食べ物がなく餓死する。体力をなくし、逃げる気力もなく被害にあった事が事実だった。

サトウキビの弊害は語られない、未だにサトウキビに農家をしがみつかせている。

農家を出汁に、天下りの既得権を維持している。

統制経済、マル経経済（マルクス、レーニンの思想）。

補助金貰うサトウキビでは、絶対に沖縄は豊かになれない。


アジアが発展すると、逆に沖縄は後進国に追い越され、使われる時が来つつある。

何時まで砂糖キビにしがみつきますか？

「いずれ沖縄県民はフィリピン、ベトナムに追い越され、彼らに使われる日が来るだろう」

（日銀支店長のコメント）

ＪＡ団体が年間40億円以上の手数料もらうために、それ以外の農業に取り組むと自己否定になる。農家をサトウキビに縛り付けないとならないのである。

観光客にキビをかじって下さい、なのです。

政治家も、見て見ぬふり。有効な一括交付金は天下り優先に支給された問題は指摘されず、政治が劣化している事はまちがいない事実です。

公務員は自らの組織拡大のために仕事する、天下りを最優先して民間の活力、活性化のサポートは後回しするのである。

事例は数えきれない程あるが、農家からの告発がある。

補助金より制度を下さい

3000人の島民の離島で、たった5千万円の産出額に対して50億円の設備投資。

現在の3倍の生産能力がある黒糖工場をJA設計が受け皿となって黒糖工場建設が始まっている。

多良間島も同じく、70億円の設備、波照間島29億、与那国島たった1500万ほどの生産に対して29億、西表24億、小波島24億等、設計士は一人も居ないＪＡが請け負う。

10億で済むような工場にである。必要のない設備投資を削り、農家をサポートする様子は見当たらない。天下り先のみに一括交付金が消化されたのが紛れもない現実。農家をサポートしない政治が歪んだ事が起きている、名護市議会では、農家の自殺が議事録に記載された。

農家さん今は相場が低く経営が厳しいが、基金を発動するのでもう少し踏ん張って下さいとするのが基金の目的ですが、その基金も、ＪＡ団体のみに消化され、農家には支給されず、農民が自殺するのである。私の知る限りでは１００名以上になる。

その事は、取材してデータに残す、聞き取り調査を、している最中です。

唖然としませんか？　**基地があるゆえに、天下り天国・交付金は毒となり、沖縄県を骨抜きにしている。**だから、補助金はいらないから、基地は持って帰って下さい、補助金より制度を下さい、と言うべきです。

公務員の比率は5人に一人、本土は10人に一人、沖縄県の農家の10倍の職員。

このままでは、自立は出来ない。

沖縄県で基地問題語るには、自立経済語らずして基地問題語れず

基地問題を解決するには、自立経済確立させ、所得を日本一高くさせる事です。

一括交付金で箱物を作らず、ソフトに支援する。

銀行が貸し出ししやすく、沖縄県の保証協会に、セーフティネットを充実させる事が真っ先、県の銀行も、農家に優良保証を付ける、あるいは県内事業者に本土企業が進出リスクが低いと見れば、県内企業は後回し、本土企業に率先し融資する。

県民の事業者はますます片隅に追いやられて行く。

その原因は公務員の比率の高さである。行革は後回し、交付金や、補助金を貰うことに血眼で、自立出来ない構図が出来あがっているためです。

最後に下嶋哲朗先生の著書、『豚と沖縄独立』に書かれている、

自立する精神は汗かく肉体から生まれる、物くれる人にヘラヘラする，
飼い犬に成り下がった民族には、未来はない！

終りに、この文書を書いている時に、仲間の養豚農家の長男の訃報を聞きました、多数の農家の訃報は事実、夢と希望のもてる農業を構築する事が急がれます。極論は、県の農水部を解散して、農家にあげるだけで自給率は大幅にアップする。県議員の発言があった、岩盤規制を崩すにはＴＰＰの力を借りないと成らないでしょう。沖縄の県民が主役に成るには、補助金貰わない、制度を貰う事、行政の改革に真剣に取り組むことです。

2011年1月4日

論壇

TPPは農家を救う

競争力ある日本の農産物

金城　利憲

いま世間でTPP（環太平洋連携協定）は、農家を自滅に追い込むという間違いだらけの偏った情報が流れている。そこで違う視点から述べてみたい。まず畜産物の資材のコストダウンからどれほどの恩恵を受けられるか検証する。

昨年11月27日の日経穀物指数は1トン当たり大豆3万9510円、トウモロコシ2万4350円、一般大豆4万7170円、小麦2万4千円。

現在、一般農家の飼料コストは1キロ当たり50円以上で、さらに離島の畜産農家は輸送コストが上乗せされ60円。先ほどの穀物価格では平均1キロ当たり20円のコストダウンができる。もちろんTPP締結後、無税枠を取得して実現する。あるいは畜産のみの特区申請である。

TPP締結後は、先の穀物飼料にビールかすやふすまなどの飼料を加えて1キロ当たり20円と試算すると、1頭の飼育コストは1日当たり飼料価格（平均的な牛が食べる量）1キロ20円×10キロ×肥育期間600日＋子牛価格30万円＝42万円で仕上がる。肉量で割ると、総重量を420キロとして100グラムの和牛霜降り肉が100円。農家の利益を乗せても150～300円になる。輸入肉との価格競争に打ち勝つことができ、和牛輸出にも弾みがつき、市場拡大ができる。

また現在の飼料代（1キロ50円）では、1頭を仕上げるのに60万円かかり、TPP後は1頭当たり18万円のコストダウンもできる。このほかに現在の肥料価格は窒素20キロ袋1600円で海外価格（300～450円）の約5倍。海外価格の肥料が導入できれば農家の収入も大幅に増える。

今日までの農業は産業革命と同時に大規模化を実現し、人類の飢餓の時代は終わり、飽食の時代となった。今日、先進国においては、選食の時代へとなりつつある。最も進んでいるのが日本の和食で、世界中の人々の憧れの料理である。選食の時代にマッチしたのが日本の農業なのだ。私は香港マカオに滞在し、会社を設立してきた。日本の農作物の評価、品質、おいしさは多少高くてもすぐに売り切れるほどだ。和牛、米は何兆円もの輸出産業に育つと信じている。

TPPを結ぶと、JA、全農は解体に追い込まれるだろう。ただそれだけで反対している。なぜか飼料や肥料を高く売り、農家の収入を奪い、統制下に置き、金融、販売も一括して農家を管理下に置く。国のあらゆる支援事業の阻害行為を役所や外郭団体がグルになって事業拡大の成長阻害をする例が多数ある。

昨年12月の新聞広告では、食料自給率が下がり、離島の経済が疲弊し、立ちゆかなくなると脅している。そこには日本の農産物がいかに素晴らしく、競争力があることは一言も書かれていない。TPP後は牛の飼料や肥料も安くなり、海外輸出が大幅に増える。

（石垣市、畜産農家、56歳）

さとうきび畑
全世界で生産される砂糖キビは
1億５千万トン。消費されている
のは23%。77%は余っている
原案 金城としのり
漫画 保里安則

ここは、沖縄の平均的な、
とある集落。
そこには農業を営む
宮城さん一家が住んでいます。

宮城さんはサトウキビを
生産しています。
このサトウキビは直接集落内で
消費されるわけではなく、
集荷されて外部で加工され、
砂糖などの商品となります。
長年、サトウキビの生産を
続けてきましたが、決して
裕福ではありません。
国からの補助金が無ければ
やって行けないのが実情です。

ふぅ・・・・

お父さーん!!
お疲れさま。お弁当持って来たよ
おっ、今日は二人で来たのか。ありがとう!
あーお腹すいた!
ねえお父さん
ん!?
ニコッ
うん、うまい!!

お父さんは、どうしてサトウキビ以外の野菜は作らないの？私、お父さんが作ったダイコンとかニンジン、食べてみたいな!!

うーん、それはちょっと難しいなぁ。
えっ、どうして？

お父さんは仕事でサトウキビを作っているのに、他の野菜を作ってお金が貰えなくなったら困るでしょう？
他の野菜ではお金貰えないの？

いや、そういう訳ではないけど、困ったな。あはは。
……

その日の夜…
楽天家

お疲れ～!!
カンパイ!!
そう言えば、宮城さんはずっとサトウキビだけ作ってるけれど、他の野菜とか作れば良いのによ～
自分も宮城さんの作った野菜とか、食べてみたいさ。
豆腐製造業
上原さん
建築業
比嘉さん
実は娘にも同じ事言われたよ

自分の店でも、宮城さんが野菜とか作ってくれたら買って使うんだけどね～
レストラン経営
池原さん
うーん・・・
宮城さん作る予定は無いの？
今ここで食べている料理の食材も、地元で作ったのは一つも無くて全部、外から仕入れて来た物ばかりさ。
輸送業
大城さん
野菜以外にも、豚とか鶏とかを宮城さんが作ってくれたら、みんな喜んで買うはずだけどね～

宮城さんが、野菜とか肉とか作ってくれたら、みんなお金出して買ってそのお金で宮城さん、自分に家作ってってお願い出来るのにね〜
建築業
比嘉さん
みんなの気持ちは有り難いけれど・・・
サトウキビを作らないと補助金が貰えないから、生活するのも難しくなるって組合から言われていてさ。
ふーん、そうなんだ。意味が分からないね
何で他の野菜作ったら補助金貰えないのかな・・・
うーん・・・

みんなも、娘と同じ
気持ちなんだな。よし、
組合に相談してみるか!!
ニコッ
翌日ー
ニコ
ニコ
え〜っ?
サトウキビ以外の
野菜を作りたいって!?
JAおき
宮城さん、あんた
何言ってるの?
そんな勝手はダメだよ!!
!!
ガーン

そんな事言うなら、ツケで購入した肥料代、農機具代金を一括で支払ってもらうよ!!
えっ!? そんな無茶な!!
無茶はあんただ宮城さん。
ま、組合としては、あんたの土地を担保にしているからどっちでも良いけどね。
ふっ・・・
そ、そんな・・・
ヨロ・・・
それでも他の野菜を作りますか、宮城さん!?
ひどい。組合は農家の味方じゃないのか!?

サトウキビをやめると
農協に莫大な手数料が
入らなくなる。
組織も守れないし
天下りも消滅する。
勝手にサトウキビ以外の
モノを作ってもらっちゃ
困るんだよ!!
現在の沖縄の
農業システムは、
400年前に始まった
薩摩による琉球支配と
驚くほどそっくりである。
沖縄学の父と称される
伊波普猷(いはふゆう)(1876~1947)は
薩摩の琉球侵略に
厳しい批判を浴びせた。

1609年の薩摩による
琉球侵攻以降、住民は
三百年あまりに渡り
奴隷的生活を強いられる。

その結果、独立自営の
精神が甚だしく減退
しただけで無く、
自由という観念さえ
失ってしまう。

それ以来沖縄人は
自ら働いて得た利益を
薩摩に徹底的に搾り取られ
ただ食うのみに生きている
有り様だった。

琉球の役人は薩摩藩に
手懐けられ、依頼心の強い精神が
醸成されて来た。
「物食べさせてくれる人が主人だ」
と、大昔からの言い伝えもある。

薩摩は琉球の特産品
「サトウキビ」に目をつけた。
当時、財政難にあえいでいた
琉球王府に銀九千両を貸付け、
この借金に応じる条件として
砂糖の私的売買を禁じ、
独占販売権利を獲得した。
そして、琉球が毎年薩摩に納める
年貢米の３９８０余石も
砂糖で代納させる事にした。

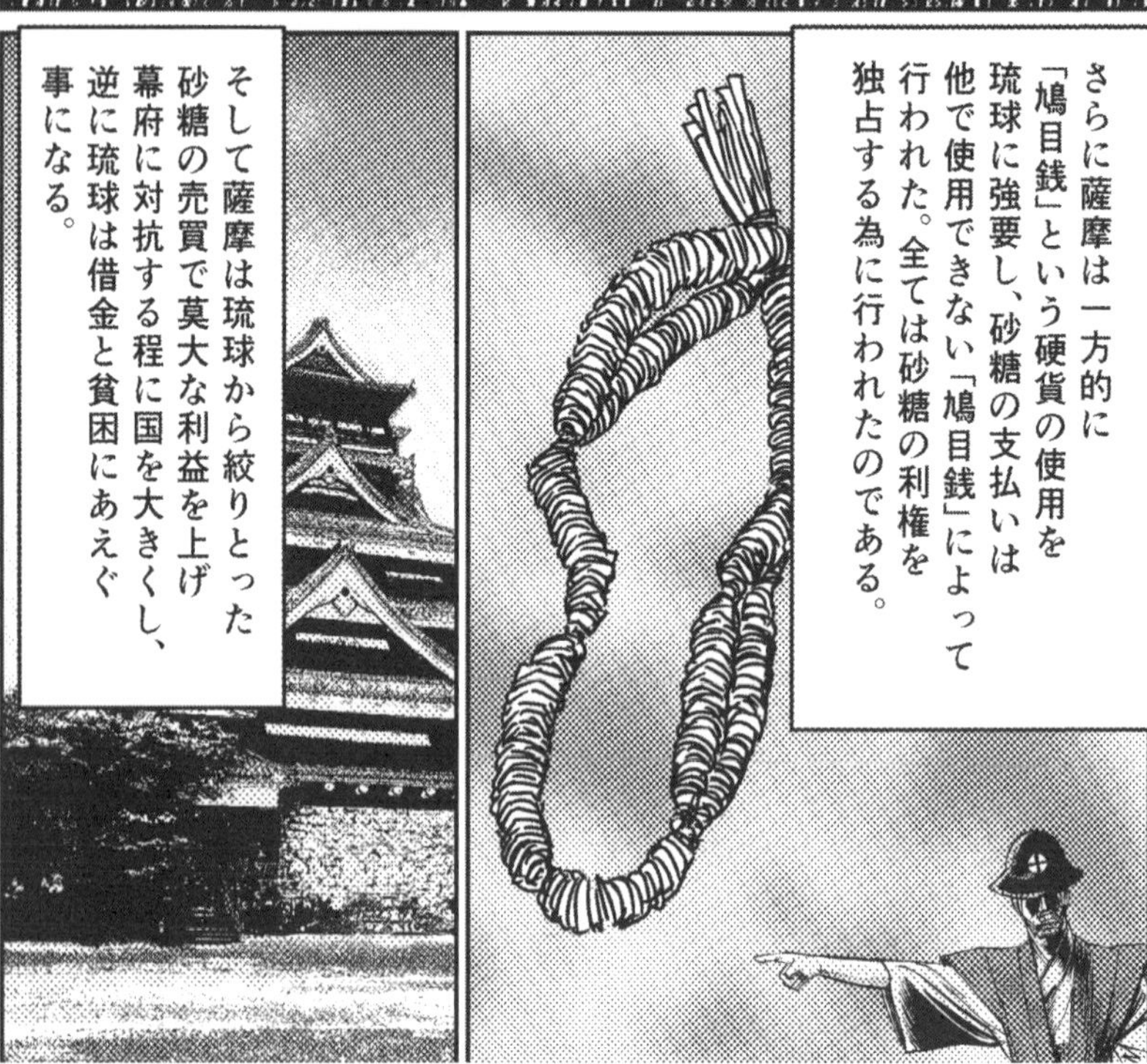
さらに薩摩は一方的に
「鳩目銭」という硬貨の使用を
琉球に強要し、砂糖の支払いは
他で使用できない「鳩目銭」によって
行われた。全ては砂糖の利権を
独占する為に行われたのである。
そして薩摩は琉球から絞りとった
砂糖の売買で莫大な利益を上げ
幕府に対抗する程に国を大きくし、
逆に琉球は借金と貧困にあえぐ
事になる。

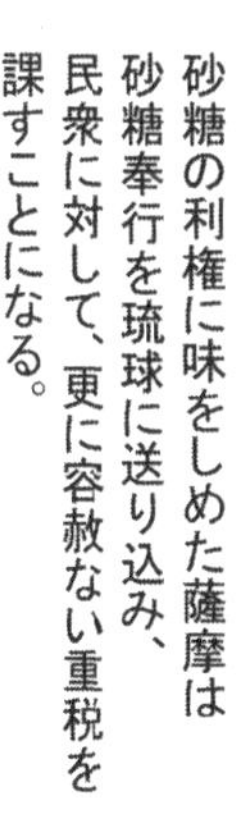

砂糖の利権に味をしめた薩摩は
砂糖奉行を琉球に送り込み、
民衆に対して、更に容赦ない重税を
課すことになる。

それは・・・

世にも名高い悪法、
「人頭税」である。

宮古・八重山地方に差別的に課せられた
人頭税とは、老若男女、健常者、障害者の
区別なく納税の義務があるという
過酷な物であった。その結果、
様々な悲劇が琉球の歴史を血で染める。

特に有名なのが、与那国島で行われた悲劇。
予告なく突然集合の合図のドラを鳴らし、
遅れてきた者を容赦なく打ち首にしたという
老人や障害者を狙い撃ちした「人舛田」。

さらに、妊婦に岩の裂け目を飛ばさせ、
人口調整を行った「久部良割」など、
重税による悲劇が今も伝えられている。
そして、その差別的な構造は今も
サトウキビ農家を苦しめている。
キビ畑用地確保の為の製糖関係者の
実案、景観条例の制定、県外からの
移住者拒否、建物の制限等など。
サトウキビ以外の農産物へのサポート、
補助金、セーフティーネット等の支援事業
への妨害とも取れる圧力要請など。
人頭税の時代と変わらず、現在まで
サトウキビの利権を巡る支配が
続いているのです。

今なお、現在進行形で続くサトウキビを巡る農協の支配は、特に本島北部地域で顕著である。
平成17年度の名護市議会では、農業の衰退が取り上げられ、その際に明らかになった事実は議事録にも明記。最高95億円あった農業生産額は60億円にまで減少した。

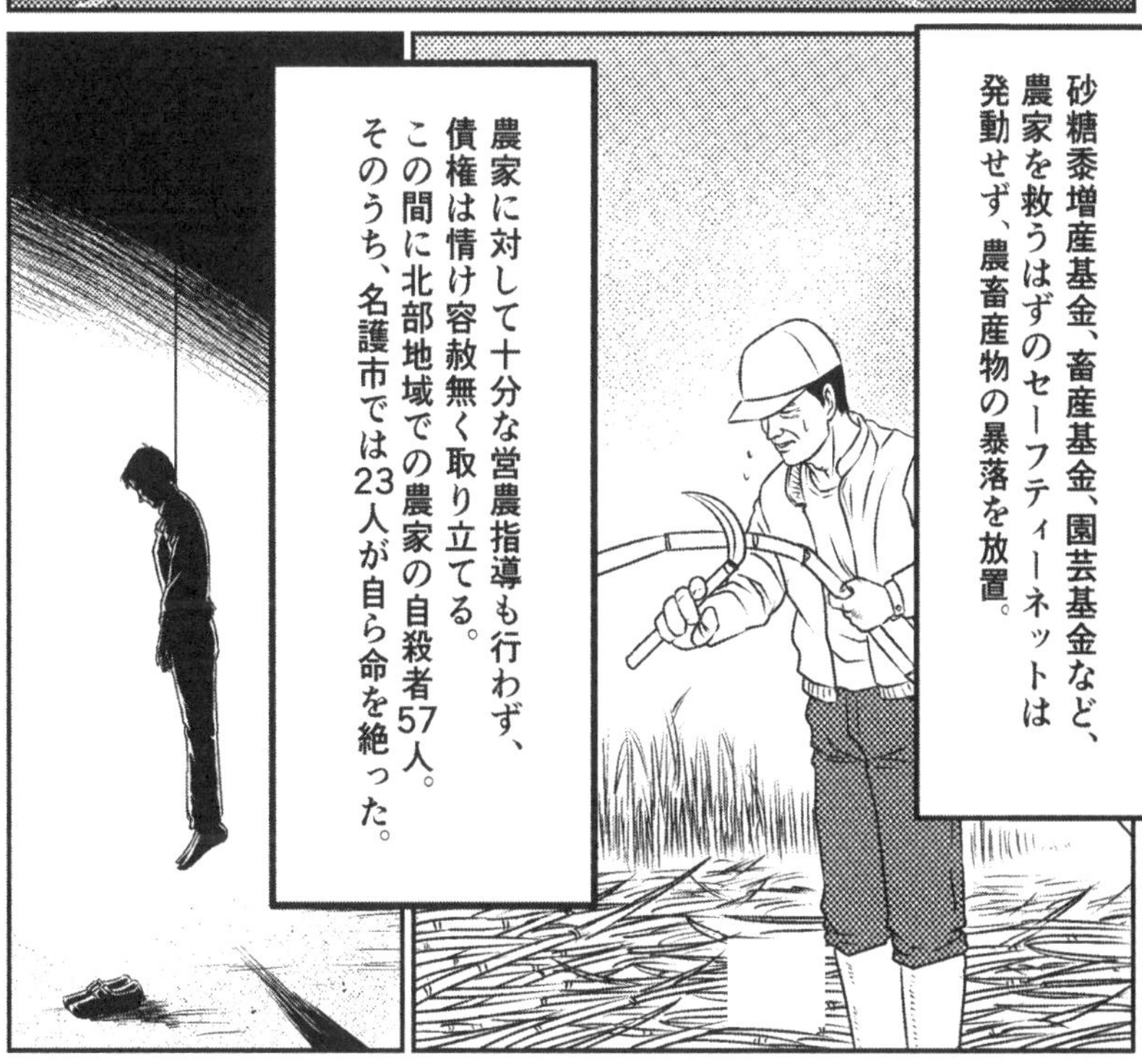
砂糖黍増産基金、畜産基金、園芸基金など、農家を救うはずのセーフティーネットは発動せず、農畜産物の暴落を放置。
農家に対して十分な営農指導も行わず、債権は情け容赦無く取り立てる。この間に北部地域での農家の自殺者57人。そのうち、名護市では23人が自ら命を絶った。

農家が貧困に喘ぐ、その一方で・・・

平成26年に沖縄県から公表された
資料によると、農協職員による
悪質不祥事の件数は過去10年間で24件。

その被害総額は一億円以上。

平成7年に12万人いた農家は、10年後の
平成27年には1万9千人にまで減っている。
10万人近くの農家が生活が出来ずに
辞めてしまった結果である。
しかし、それに対して農協職員は、今なお
10数倍もの人々が従事している。

まるで、砂糖に群がる蟻のように。

現在の沖縄農業において
サトウキビは「組合が補助金を
受け取る為」に作らされています。
そして日本本土では、同じく
コメの生産が組合に補助金が流れる
為の道具にされています。

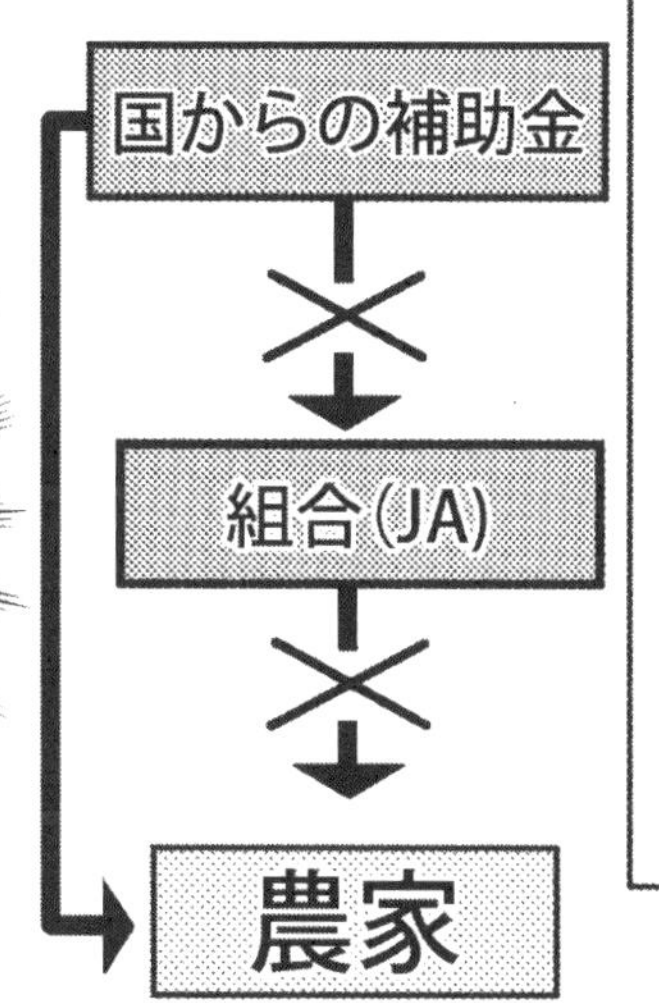
しかし補助金を組合を通さずに
農家に直接支給するのが自然で
合理的な上、財政的にも大きな
メリットがある事が近年、
知られるようになって来ています。
国からの補助金
組合(JA)
農家

組合の嘘が徐々に
バレ始めているのです。

補助金は税金が財源ですが、
その使い道は組合によって決められ、
農家の自由にはなりません。
補助金頼みの農家は需要の有る無しに
かかわらず、指定された
特定の作物を作るしかないのです。
それは農家や消費者の為ではなく、
組合組織や天下り組織の為に
利用されています。
生活に本当に必要な物を
作ることが出来ず、地産地消の
システムも壊され、人材も富も
流失してしまう為、この集落は
年々寂れていっています。

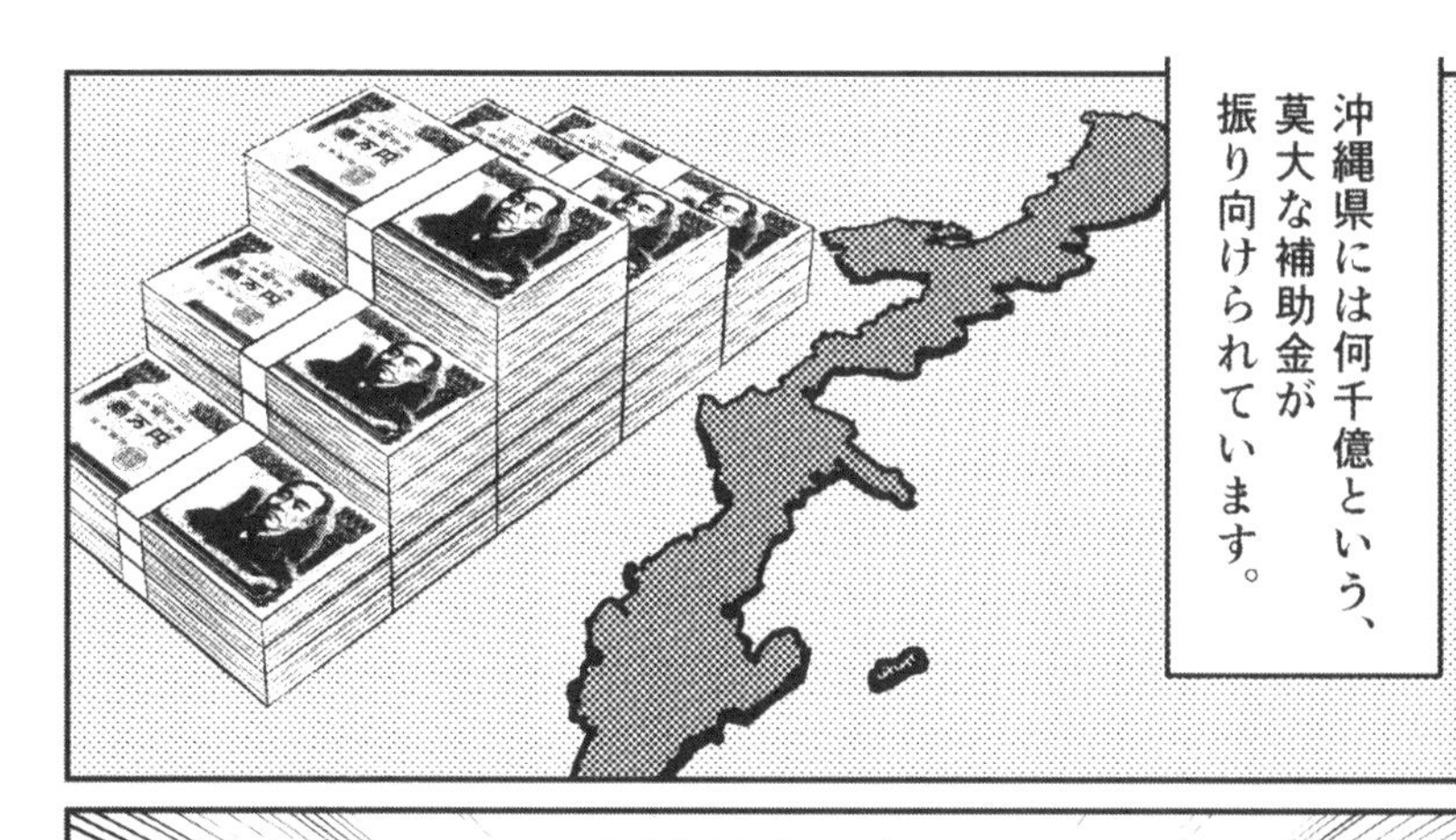

その補助金を組合組織や天下り
組織から切り離し、金融機関の
セーフティーネットに積立る事で
直接、中小企業を支援する事が
出来るようになり、地域経済の
活性化につながり社会の景気も
上向くのです。

若者に夢と希望とチャンスを与える、そんな社会を構築しましょう!!

首相官邸とJA全中が激突

0-1 農政改革をめぐる当事者の思惑

首相官邸

官邸主導で推進

- 中央会制度を廃止しろ
- 全農を株式会社にしろ
- 農協は農業振興に集中しろ

農政改革 JA解体

JA全中は徹底抗戦

- 中央会の主要な権限は維持
- 全農は協同組合の理念を忘れるな
- 農協は過疎地の生活インフラだ

JAグループ

明暗分かれる安倍内閣からのメッセージ

0-2 安倍首相らの日本農業法人協会とJA全中についての発言

改革派 日本農業法人協会へ		守旧派 JA全中へ
日本農業の命運は農業のトップランナーである農業生産法人に懸かっている。	 安倍晋三首相	全中の廃止は決まっている。単なる看板の掛け替えに終わらせない。
因習や規制と闘う皆さんを、政府として全力で支援していく。	 菅義偉官房長官	全中の改革案は、政府・与党と方向性が合っているか疑問だ。
農政のけん引役として、地域農業を引っ張ってくれていることに心から感謝する。	 西川公也農水相	全中の、中央会についての改革案は0点だ。

Photo：JIJI

第3章　ＴＰＰとサトウキビ

（宮城弘岩氏の原稿引用）

県のサトウキビ農家は全農家の約70％が何らかの形で関わり（必ずしも生産目的ではなく農地保有目的もある）、耕地面積の31％、農業出荷額（８００億円）の16％弱である。かって全農業産出額の基幹農業と言われたサトウキビは11年では金額的に肉用牛（17％）、豚（16％）、野菜（15％）に継いで４番目の産業に後退している（11年）。全盛期に比べて実に１００万トン×農家手取り２万円＝２００億円減らしていることになる。

日本の砂糖は復帰前の63年に自由化されている。輸入粗糖の調整金を財源としてサトウキビ生産者と精糖業者に対し「製品販売価格と生産コストの差」を補填している。関税率は粗糖３０５％、砂糖３２８％である。重要５項目のなかでも最も国際競争力の弱い甘味資源であるため輸入品に対抗できる手だてはない。しかし、米豪ＦＴＡ協定でも関税撤廃から除外されており米国が関税撤廃に踏み切ることは考え難い。従ってＴＰＰで砂糖が聖域とされる確率は最も高い。しかし聖域とされても今後の貿易交渉で関税撤廃を拒否し続けることは難しい。そのまま消滅に向かっていることには変わりない。生き残り策を考えていく必要がある。

１　冷戦期におけるサトウキビ

キューバ危機は沖縄農業を変えた。１９６２年アメリカの喉元にキューバという共産国が突き刺さった、と言われた。世界の砂糖の25％超を生産していたキューバが共産国化し同時に米国との国交断絶で砂糖不足が伝えられ世界が騒然となった。当時米軍支配下にあった沖縄は農業生産（コメ・砂糖・イモ）が最も高かった時である。水田を埋めサトウキビ畑に切り替えたのである。山から流れ出る水はこれまで稲田を次々に流れ濾過され海に注いでいた山水が鉄砲水のように直接海に流れ綺麗な水田が赤土化して汚染水が流れるようになったのである。

特にコメ産量の主要産地の北部の棚田や平地の伝統的な水田までが埋め立てられ一斉にサトウキビ畑に生まれ変わった。島コメとして有名だった羽地・我部祖河（ターブックアと呼ばれコメ産量の40％を賄っていた）の台中65号種からN　ＣＯ３１０中心のサトウキビ畑に転換、以降農業が持つ多面的機能という水資源の確保、水害防止などの涵養は無視され後々の赤土問題の原因を作っていくのである。

判断の過ちは「１，３５０ha」もあった北部の水田が消え、果たしてサトウキビ畑に切り替える必要のものだったのかである。復帰10年前である。穀物のコメなら主食のカロリー補給食として本土ではまだ配給制としてコメ手帳が幅を利かしていた時期である。本土でコメの配給を受けていた筆者などは非常に残念に思ったほどである。しかもケネディ大統領暗殺の1年まえである。

後々の自給率問題が農業攻策の中心になっていくに従いコメで復帰すべきか、砂糖で復帰すべきか、重大な決定を要する時期でもあった。

耕地面積 ha

	合計面積	稲田	普通畑	牧草地	水田率%
昭和 47 年	45,900	2,440	37,300	440	5.3
57 年	44,900	1,080	37,400	2,150	2.2
平成 4 年	47,100	890	39,600	3,820	1.9
14 年	40,200	904	31,700	5,650	2.2
21 年	39,100	876	30,200	5,930	2.2

資料　県農水部統計

特にサトウキビ耕作面積と生産量は

	収穫面積（ha）	収量（千トン）
昭和 47 年	23,362	1,414
昭和 57 年	21,300	1,506
平成 4 年	17,200	1,112
平成 14 年	13,900	811
平成 21 年	12,800	880
平成 23 年	12,300	542

沖縄において「サトウキビは増産へ、コメは減産へ」という大転換による稲田が如何に減少したか、コメ農業が如何に崩壊していったか次の表は明らかにする。言わば飼育牛・ヤギの増加が牧草地の拡大を促し、生活の洋風化、肉食化の流れを明確に示す。稲田の減少はサトウキビ政策により埋め立てられたためである。牧場は肉牛や飼育牛、やぎは牧場を必要とするため拡大する。サトウキビ面積は戦前15・000ha、反収が6～7トン／10haであったがキューバ危機を反映して1964年前後から急拡大し最盛期を迎えるのである。アフリカから台湾経由でN　CO310（優良種で台風に強く、連作障害もすくない）が導入され1961年から本格化する。最盛期は1964年から170万トン水準の生産体制が確立され、従来の品種POJ2725の2倍以上の産量体制を確立するのである。サトウキビ価格も13ドル／トンが2倍～2・5倍も高騰して農家はかなり豊かになった。これで大学までだせてもらったと語る高齢者達も多い。

1963年8月、日本は「不意打ちに砂糖の貿易自由化が実施され直ちに糖価も下落して農家の経済に大きな影響を与えた。一時は琉球政府、製糖業者、甘蔗農家は戸惑い不安にかられていたが、実は当時の世界的な糖業不作から糖価は異常な高騰を示していたのである」

（沖縄農業史、池原真一著ｐ２８３）。

２　砂糖とサトウキビ問題の現状

（１）義務化する政府の役割（デカップリング制でトン当たり2万円をどう確保するか）

農政、農業、農家におけるサトウキビ問題は、現状では作る農家には起こらない。なぜなら、作れば政府が買取ってくれるからである。63年に自由化している砂糖問題をどう対応するか。サトウキビ農業もくわんがための農業としては成立しなくなってきた。事業としての農業ではなく生る業であって、農業の本質ではない。嫌なら止めればいいのである。しかし、作ったならば政府は買う義務が生ずるので農家がつくらなければ問題は生じない。農家は最悪個別所得補償して直接支給してあげれば十分である。「農家はサトウキビギを作る義務はないが作ったならば攻府は買う義務が生ずる」のでＴＰＰ参加に関係なくＷＴＯ上認められる保護の範囲で可能である。ＴＰＰ参加でどのように転換させるか、どのように６次産業化が可能か研究する余地はある。ＴＰＰ参加後サトウキビを産業化するコストは政府の財政投入による所得補償するよりも安くつくはずである。

問題は、政府側の農政（農業政策）にある。作られたサトウキビ代金を農家に直接払えばいいのであって、作られたサトウキビをどうするかは、政府側にあって農家側にはない。一方で問題は作られたサトウキビで砂糖を造るべきか、どうかである。もっとも合理的な答えは、世界的にコスト競争ができないため砂糖を造らないことだ（政府筋の話）。

サトウキビを作るが、砂糖を造らなければ半分は解決する。砂糖を造らない処分の問題（肥料や飼料に切り替えればすむ問題）である。

サトウキビと砂糖作りを切り離して考えるべきだ。どうしても「砂糖」を作りたいのであれば、原料（粗糖）を輸入して造ればいい。そうすれば工場は12ヶ月稼働し雇用は正常化する。しかしこの問題は製糖工場側にはなく、造ったら買う義務のある政府の問題である。製糖工場側も採算を考えずに作ればいいので何の心配もない。

つまりサトウキビを作る側とサトウキビから砂糖を造る側には、何の問題もない。

なぜなら、農家にも工場側にも作る（造る）義務はない。しかも作られたキビ、造られた砂糖を買取る義務は政府側に発生するからである。だから何れも農業問題ではなく、本当は生活補償の問題である。政府側としては何れもＴＰＰ参加を理由に作らさない（造らさない）方が負担は少なくてすむ問題である。恐らく政府はＷＴＯが認める多面的機能を担う農家への直接支払い制度を取るだろう。

（2）次に沖縄のサトウキビのビジネスの特性について言及すると、

① サトウキビの収穫時期が糖度のつく年末から３～４月までとほぼ４ヶ月、かつ年間１０２時間（県糖業統計）しか働けない仕事であっては1年間の収入を確保し生活を保障する所得は確保できない、という問題がある。若者がやれる仕事ではない。

農家は他の作物との輪作（サトウキビ→豆類→野菜）が可能だが製糖工場は稼働日数が限られ他のものは造れない。サトウキビ栽培の後処理的工程で工場が繋がっているに過ぎない。

② サトウキビの栽培はコメ、ムギ、豆類、トウモロコシと穀物類と同じように広大な面積を要する土地本位制である。小規模ではサトウキビ生産の効率が上がらない。砂糖の価格は

毎年上っても10アール当りの産量は20年経っても変らない５３haもあり唯一採算の取れる規模のサトウキビ農家である。その規模に近い農家は石垣八重山圏であるが、そこは飼育牛(精肉牛とか牛乳用)が最適で農家は興味をもたない。サトウキビでは採算は合わないからでもある。

将来を展望しても人口の集中する中南部には採算のとれる規模のサトウキビ耕作地はなかなか取れない。また北部は小規模農家が多く規模効率の狙える耕地ではない。５～６トンである。１戸当たり面積が十分取れる場所は南北大東島しかない。狭い沖縄本島では採算の取れるサトウキビ農業は限られている。単に規模の問題だけではない。

③　サトウキビ就農の農業人口と生産量は正比例するため就農人口を増大させない限り生産量は向上しないという原理が働く。生産量を2倍にするには2倍の面積が必要だが同時に2倍の就農者が必要である。生産性を上げるためには資本制農業(機械化など)でなければ(土地の起伏が激しく)生産性は上がらないため雇用も増えない。工場側は面積当りの生産性とは関係なく設備投資して原料の粗糖は輸入に依存して通年雇用も確保できる。今やサトウキ

ビ面積とサトウキビ就農者の関係は高齢化の進行で減少していく。砂糖の生産量はＴＰＰ参加と関係なく就農者の年齢に左右されている。

④　本来サトウキビ生産は集団化農業であった。しかし今は夫婦２人でのサトウキビ農業は物理的に不可能に近い。時期と場所が集中するので頼んでも人は集まらない。昔は台湾からも韓国からも人手を集めて調整することができた。「結い（ユイマール）」という集団化が集落単位で収穫可能だったが今ではそのような組織は消滅してない。だから収穫期に人手不足で費用がかかりすぎて採算は合わない。

⑤　土壌的に採算のとれる場所は中南部であるが先に触れたように耕作場所が少ない。中南部のジャーガル質の土地は北部のマージ質土壌よりサトウキビの生産性が２倍するほど最適だが土壌を無視したサトウキビ栽培は考えられない。従ってまとめると沖縄のサトウキビ栽培は土壌成分、耕地面積、就農者数、集団化の可否、収穫期の労賃などの資金繰りの困難性から非常に困難であると言える。

3　ＴＰＰとサトウキビ農家

（1）ＴＰＰに関連してキビ農家に聞くと、ほとんどの人が砂糖保護制度をいったん破棄し、ゼロにして再構築したほうがいいのでは、という。ＴＰＰに参加するしないに関わらず、そのままでは沖縄農業の発展は決して望めない。実際、キビで食べていけると信じている人は少ない。夫婦二人で、１０００坪の畑で手取は年間40万円（機械等の減価償却は除く）あればいい方である。農水省にはヘクタール当たり70万円のデータもある。いずれにしても今の若者に勧められる仕事ではない。ほとんどの農家が次代に夢を描いてない。特に圧倒的にサトウキビ農家は自分の代で終わりにしたいという。

このサトウキビがＴＰＰ加盟で最も打撃が予想される。ＴＰＰ12ヶ国の中で最も影響を互いに受けると思われるのがベトナムの砂糖産業であろう。最近ブラジルから帰国した県出身のサトウキビ農家は２０００円／トンなら直ぐ帰国して生産を始めるという。ベトナムは畑面積22万haの用地にキビ561トン／ha（沖縄44トン、23年）、2000年以降毎年10％の伸びを示している。歩留まり101％（沖縄より低い）。むしろタイ国粗糖を輸入して精製白糖化してシンガポールに輸出しているが、そのするほうがリスクは少ない。

国内消費量は年140万トンであるが、ほとんどがチクロなど人工甘味料130万トンで賄っている。サトウキビの生産額は全農業生産額の28％に過ぎない。サトウキビはトン当たり25＄（07／08年、77円として約2千円、沖縄だと2万円超）台、粗糖卸値が417＄（ベトナム132千円、沖縄だと267千円）、沖縄はそれでいて技術開発は遅れており10アール当たり生産性がベトナムに比べ20％も低い。

（2）サトウキビ農家の事業転換（飼料化、復合化）

サトウキビの先端部（梢頭部）分は牛がもっとも好むエサである。サトウキビをめがけて走っていく牛の群れの現場は石垣市あたりの牧草地にいけばいつでも見られる光景である。今、乾燥した干草は中国などから輸入しているがトン当たり45・000円。県内産牧草を近くで調達するとトン当たり15・000円で済む。だいたい年間5回はハーベスト可能であり，年間で75・000円の収穫で農家の取り分はサトウキビで砂糖を造るキビ生産より何倍も大きい。転換時期はとっくに過ぎ対策のおくれを見るのである。

表に見られるように飼育牛の生産は伸び続けており牧草地は10年度では復帰時の14倍の6・030haに拡大している。沖縄はサトウキビ農業から畜肉農業に主流が移っていることが分かる。

*平成22年、肉用の飼育牛83・500頭、牛は年間4トンの干草を喰む×価格3万円／トンで計算すると334千トン×3万円＝100億円のエサが消費されている。輸入を更に内製化をしていけば今年のサトウキビ代（H23年／24年）約142億円（22・622円×627・000トン）は稼げる。その差は42億円だ。これだけのメリットが考えられる。

現状の打開策

TPP時代かもしれないが飼料化である。農家の個別所得補償制を前提としたサトウキビの生き残り策は「輸入の飼料」に頼りがちな飼育牛の飼料をサトウキビに大きく方向転換することだ。政府は減反廃止を睨んで高額の補助金でコメの飼料米生産に大きくカーブを切った。同様にサトウキビも飼料化に方向転換できれば大きく変わる。

同時にキューバの事例でもサトウキビの干草飼料化は飼育牛と切り離しては成立しない。一方の砂糖の加工精製はこれら数字から見て生産技術や精製糖工場の海外への進出か或いは粗糖を輸入して精製化するかである。それだと東南アジア産のサトウキビは原料としてトン当たり４千円以内で済む。

ベトナムでサトウキビが問題にならないのはそれで生活している国民が少なく隣国のタイ国との競争が激しいからである。沖縄におけるサトウキビ農家は価格が国際相場の９倍～10倍もするサトウキビを作るのではなく既に述べたように飼料用のキビを作った方が有利になる。

飼育牛はこの方が飼料を輸入しないで済む。また砂糖のカロリーベースの自給率は上がる、且つ育牛の原価は安くなり生産は安定する。今回、ベトナムもＴＰＰに参加予定で進んでおり組合せできないものか、サトウキビは食用から飼料用へ、更にはキビの３倍も背高い産量のソルガムへ転換して砂糖やバイオ燃料用への転換も進んでいける。

サトウキビ農家の生き残る方策として出ているのは過去の学者の研究に提言されている。基幹産業たる「糖業の行き詰まりにあるをもって、農家の収入を増加して生活の安定を計るにはバナナ、パパイヤ、レイシ、パイナップル等との輪作か複合栽培の奨励である」（沖縄農業史、池原真一著ｐ２７２）。サトウキビは3～4ケ月で８０㎝くらいになる（その後は手の付けられないほど大きく成長する）のでその間、野菜類を輪作的に栽培するか、サトウキビの手の空いたところで他野菜類を複合的に栽培するか。

その昔、輪作の奨励として大豆などマメ類と輪作栽培していたが地力向上のための窒素の確保であった。

「農業経営上から見るとその青葉・梢頭部は牛や家畜の飼料として不可分の関係にある。枯葉は堆肥原料として病害虫防除の一助として、或いは他作物との輪作として労働分配上も有利である」（同上）。

結論すると沖縄の場合、狭隘でかつ土地単価が高く、面積を広く要するコメ・麦・大豆・トウモロコシ・サトウキビなど土地本位農業から投資効率を狙う資本制農業（面積をあまり要しない養鶏・養豚など工業的「農業」に切り替えていかねばならない。小面積でも可能な畜産業や高付加価値の薬草か香辛料の農業である。こうして過保護から脱し競争できる農業に変身していくことができる。

４　ＴＰＰ参加とサトウキビの生産条件

不利性の背景と多面的機能の背景

筆者は長年沖縄物産の全国展開に携わってきた。食品の物産を造っている企業は約６４０社もある。雇用の場を２５・０００人提供し、外貨を稼ぐ産業でもある。沖縄でも聖域項目と言われるコメ・麦・畜肉・乳製品・砂糖を含む製造業の原料は殆ど輸入原料である。ＴＰＰ参加交渉で例外品目扱いで騒がれる例えば砂糖(11年サトウキビ生産で54万トン、砂糖で67万トン）より輸入原料を使う物産の販売金額がはるかに大きく、経済効果も雇用効果も大きい。

一方、ＴＰＰは主に農業地域や後進地域は当然反対であろうが、それでもものの生産国日本の中の一部には変わらない。日本の生産業は兼業農家の殆どの収入を得る会社では輸出企業が多い。しかし沖縄は真逆の消費経済を中心とする観光地域である。輸出すべき品はない。殆ど本土・海外からの輸入品で生活している。消費経済にとって手にする生活品は絶対安価なものがいい。ＴＰＰに反対しては人々は貧乏生活を強いることになる。ＴＰＰ反対者は安価の商品が入って来ることに更に苦しくなる道を選んでいるような気がする。

すでに述べたように国内で農業県や後進県はＴＰＰは反対という。しかし、輸出力のある愛知県や岐阜・三重県などはＴＰＰ大賛成である。我々沖縄は一律ＴＰＰではなく沖縄独自のＴＰＰでなければならない。ＴＰＰがどんな方向に進もうが沖縄の立場で論じなければならない。今や生産に如何なるエネルギーを注入しても国際競争力は持ちえない現状に立ち向かわなければならない時期に来ている。そこでＴＰＰ参加交渉の視点からサトウキビの不利な背景、問題の背景を指摘しておきたい。

不利性の背景

①砂糖の世界の生産量は1億６，８００万トン、消費量はその内２３・４％である。残りの７６・４％は在庫として生産各地に保管されている。日本の消費量は２２４万トン、国内自給量は35％（サトウキビ砂糖12％）である。必要な量のうち１５２万トンは輸入である。しかも原料となるサトウキビのコストはトン当たり2万円台だが世界の相場は25＄（約２・５００円）程だ。その点からでも日本では砂糖の生産はコスト的にどうしても競争できない。そこにはサトウキビの栽培上の本質から来る問題がある。

②競争力のない農産物は輸入して加工して輸出していくのがヨーロッパ農業である。それでも自給率１００％にはなる。国土は日本の10分の1かそこそこで世界のトップを走るオランダ（穀物自給率14％）、有機栽培で世界のトップを走るキューバ（同42％）、砂漠農法で世界を走るイスラエル（同17％）の点滴灌漑農業が世界的だ。これらの国々は日本の何倍もの輸出をしている。輸出することが自給率１００％を実現している。現場訪問するとこれぞ農業と言われるものがある。先進国の中で一番遅れている日本農業、一番低所得の沖縄から

スタートするのがグローバル世界での生き方が強烈に求められる農業ではないか。

③沖縄のサトウキビ農業は江戸時代からモノカルチャー農制で何百年の間、人々はサトウキビと共生してきた。コメのできない地域だがそれでもイモで代替できない収入はサトウキビで賄ってきた。同じ畑に、同じキビを同じ肥料で栽培しても同じ収量にはならない。本土のいう百姓が生まれなかった沖縄はサトウキビをもって何かを組み合わせる、何か用途を開発して市場をひろげるというサトウキビの複合化ができなかった。

④何年も経験してきたようにサトウキビ生産はかなりの労働集約型産業（生産費の58％は労務費）である。当然一農家では継続できない。坪当り収量が変らなければキビ畑の拡大に比例して労働者を必要とする。前にも触れたが起伏斜形の畑が多いため農機の導入はムリ、生産性（反収）は復帰時の62％の水準にダウンしている。ベトナムに比べても20％も低い。コメと同じように量産のための技術開発の向上はなかった。

⑤沖縄では台湾・韓国からの季節労働者を導入して調整していた時期がある。それは68年の

最盛期には６９４人、69年には９２８人もあった。それにサトウキビ栽培は人的労働で生産調節する農業が本質だからである。収穫時期の短さ（年間１０２時間）で４ヵ月で正規の労働者は雇えないばかりか年３〜４ヵ月の収穫期間では周年の生活は不可能である。

⑥３年もすれば連作障害もあって地力は衰え、毎年産量は変わるのが農業である。サトウキビ・豆・イモと輪作すればまだしもいい。窒素肥料は全生産コストの20％を占める割高の栽培である。加えて毎年の台風の襲来だ。横倒れ、塩害、干魃による立ち枯れ現象、害虫の発生など毎年被害の最たるものだ。

多面的機能の背景

⑦統計にあるように坪当たり生産量が変わらなければ面積拡大に応じた人口も増やさなければならない。今の沖縄でそれが出来るだろうか。逆に１９６０年代〜70年代は坪当たり産量は今の2倍（8トン対４・４トン）だ。サトウキビ畑が縮小すれば逆に労働者を倍にしなければ生産は現状維持はできない、かつ殆ど1 ha以下の小規模零細農業（52％を占める）で

あるため元々機械化はなじまない。しかも現実は多くの農家は農機を抱え、そのメンテに苦労している。高齢化で有休地や耕作放棄地は増える、必要な労働者は減少する、採算の合う規模には株式会社的な経営が必要だが、やろうとすれば現実に背を向けた農業になってしまう。これ以上の保護はできない。そのことがサトウキビの宿命といわれるものである。

⑧サトウキビ畑が有休化し、或いは耕作放棄地化が進行する中で、サトウキビ増産を奨励することは矛盾する。やろうとすれば大規模農地を要するキビ生産には大規模農家への優遇政策か株式会社の農業への参入が出てくる。しかし、これは多くの農民が嫌う。規模拡大を実行すれば多くの農民が土地を失うことになる。同時に拡大時に土地を売りたい兼業農家が増える。サトウキビ産業という業態は労働集約型だから規模拡大すればするほど農民は減っていく。規模拡大は逆に農民を減少させることになり、往時のように規模に見合うサトウキビ農家はいない。

⑨解決策はＴＰＰ加盟をチャンスに10年の期間で変身することではないか。その間は所得補償をキチットとしてもらうことである。しかしわずかの沖縄産と輸入産との複合化商品を加工、製造し物産化で展開するなら道は開けるかもしれない。

５　ＴＰＰ参加交渉とサトウキビの生き残り対策

それでも砂糖に拘らなければサトウキビは生き残れる道はある。サトウキビと砂糖製造とは切り離しサトウキビは飼料化、砂糖生産は粗糖を競争価格で輸入し白糖やグラニュー糖などの高付加価値化（三温糖など高級菓子）の精製糖を造る。そうすれば雇用の常態化も可能である。すでに述べてきたが生き残り策は次の４つの方法に収斂されよう。

①　サトウキビは黒糖化で生き残れる。離島の黒糖は地下1メートルのサンゴ礁の上層部に栽培されるため塩黒糖として人気がある。しかも近くの台湾でも砂糖は作れるがその黒糖概念がないため造らない。今の黒糖生産を10倍（今のサトウキビの生産の90％）に展開が切り替えられないか。黒糖は余れば工業用アルコールか黒糖酒の生産である。いまのサトウキビが10倍の黒糖化が実現すれば沖縄のサトウキビ問題は解決される。

②　分蜜糖は輸入粗糖を精製して白糖やグラニュー糖に切り替えるか、或いは今のまま分蜜

糖製造でも可能であるが、価格の競争力の問題。つまり菓子用の高級化、前にも触れたが三温糖化、和三盆、干菓子（ひがし）、落雁（らくがん）など高級和菓子にしてきめ細かいマーケティング展開へなど各種の砂糖菓子の開発が可能である。或いは海外に進出、そこから米国や豪州、日本に逆輸入の道がある。

③　サトウキビは他の植物との複合栽培か、或は他植物との混作栽培を続け畑の地力を高める工夫もある。しかし、既に述べたように牛の飼料化が最適であろう。但し政府は野菜類との複合栽培や混作栽培は補助の対象にしてない。

政府はコメを精米向けではなく、エサ・飼料用のコメ栽培に補助金（10アール当り15,000円）を出していくという。同様にサトウキビの飼料化を図っていく。例えばキューバのように牛のエサ飼料向けに加工すれば優れたエサになる。それは輸入飼料の3分の1の価格で造れる。牛も子牛のままセリ市に回すのではなく精肉に育てて牛乳まで作るか、皮革産業まで行けばもはや加工産業である。靴・かばん・ベルト・太鼓の筒張りなど用途開発の効果は大きい。6次産業化である。TPPは10年の時間を与えている。不可能ではない。

また観光と健康を意識するなら有機のサトウキビづくりも有望である。量は少ないが有機の黒糖、有機の沖縄砂糖菓子も可能だ。その他サトウキビの生き残る道は糖業では競争力がないとすれば黒糖酒など工業アルコールへの転換か、或いはバカスを建築資材板にするかである。政府の考えている対策は欧米のような補助金の直接し払い方式の採用である。それは15年から予定される多面的機能の直接支払い制度でデカップリング所得補償制度に近い。

民主党時代は戸別所得補償制度、今の政党では経営所得安定対策の直接支払い制度の活用である。いずれにしてもサトウキビ栽培のＷＴＯで認められている交付金の活用である。現在トン当たり２万円（１６・０００円は補助金＋製糖工場から４０００円）の農家売上の確保である。うち１６・０００円はＷＴＯ上の「生産や貿易に影響を与えない」生産条件不利な地域への補償金（デカップル）交付金である。４・０００円は「農業のもつ他面的機能」に対する補助金である。現在の製糖工場からの支払いが国内価格になるので輸入品との差額が競争になる。だから４・０００円が最大の差額になるのでその価格以下で輸入されるとしてその額４・０００円を交付すれば「サトウキビ生産の補助とは認めてない」多面的機能への交付となる。

少し解説すると農業条件の不利性の補正16・000円+多面的機能の供給額 4000円は生産と切り離して交付する制度で①国内農産物生産費が多面的機能の供給コスト+農産物国際価格の合計より小さいこと②多面的機能の評価額が国内農産物生産費−当該農産物の国際価格より大きいこととしている。ここで多面的機能の評価額とは農業の景観、土壌流出、肥料・農薬による汚染など。それでトン当たり20・000円の農家収入は確保できる。

基礎データ　「沖縄の全耕地面積39・100ha」(平成21年)

サトウキビ生産面積　12・300ha (22年度、全体の31・4%)

1トン当たり生産費用23・366円、農家収入20・320円

うち労務費　13・572円 (58%) =従って労働集約率は58%になる。

　購入肥料　2・040円 (8・7%) =物財費9・794円の20・8%

　機械器具費　1・528円 (6・5%) =物財費の15・6%

*全生産費=物財費+労務費である。マイナス部分はデカップリング制の政府補填で経営が継続している。

面積と産量は正比例しており放棄農用地約３・０００ｈａさえも耕作できない。沖縄・奄美の砂糖で輸入を賄えるか計算すると、日本の砂糖消費量は２３４万トン、輸入している砂糖量が１５２万トン。これを生産するに必要な耕地面積は30万ha、今の沖縄の生産面積１２・７４７haとするとざっと２３・５倍、サトウキビ農業が労働集約的であるため同じく２３・５倍の労働者を必要とする農業であるため不可能。しかし現実のサトウキビ生産は就農者の高齢化で減産の流れは変わらない。

＊23／24期のサトウキビ生産量が昨年の54万トンから67万トンに増加したのはネオーコチノイド系の殺虫剤フェプロニルを大量に投入した結果と新聞は伝えている。サトウキビ栽培は大量の化学肥料を使う。従って残留農薬問題が発生する。

第4章　JA沖縄の実態

（内部告発　JA経営委員　横溝肇）

1　はじめに

（1）JA沖縄の実態は、全く農協と言う農業協同組合法に基づく「一人はみんなのために、みんなは一人のために」と言う生協の理念や原理の姿ではない。農業協同組合法は、その歴史的沿革を踏まえて、資本主義社会の一種のセーフティーネット的な性格の法律であり、農協は当然にして、そうした性格を固有に受諾して包合しているのである。

（2）しかし、JA沖縄の実態は、そのような意義とは、ほど遠くかけ離れている。JA日本の指導の下で、信用事業と共済事業の比重が高く、悪事地方の農業地域でありながら営農事業は、全く皆無に近い状況である。とりわけ営農事業に係わる悪事は多く、その実質的な解決なしには、沖縄県の農業の飛躍的な発展は期待できない。言わば沈静の下で昨今深刻な問題である。

（3）以下例示して、その悪事の概要を提示し、その解決の手立が何等かの形で組成できるのであれば、幸いである。例示にあたって、その実態を四種類型化して、個々の概説をすることにする。第1は、営農事業の悪事の実態、第2は、信用事業の悪事の実態、第3は、債権回収上の悪事の実態、第4は、個々の悪事の実態、と言う類型化して概説する。

2　悪事の実態　～その概説～

（1）営農事業上の悪事の実態

（2）その代表的な悪事は、独占禁止法にも違反するような行為である。個々の組合員農家が、農協以外との流通取引等を行うと、これに各種の圧力を掛けて取引を止めさせる。その行為を以下のとおり例示する。

（a）農薬、肥料、ネット、マルチ等々の農業資材の販売等を取り止める行為。

（b）農業生産物の受給を停止し、農協スーパー、ファーマーズ（販売店）への納品と展示を禁止する行為。

（c）認定農家の手続に関する援助や助力を停止する行為。

（d）補助施設中、国庫負担分を除く農協貸付の農家負担分の返済を迫ってくる行為。

（e）信用事業での貸出の差別を行い、実質的に貸出を渋る行為。

（f）その他類似の行為である。

（3）これらの悪事は、日中公然と行われているが、実質的に露出しないよう、暗に、非公然の形で行われている。被害者である農家と直接的に聴き取りを行うか、また農家自身が勇気を出して積極的に公表しない限り容易に表に出てこない。個々の農家と隣接すると、これらの事例は普段に聴き取りできる内容である。

３　信用事業上の悪事

（１）ＪＡ沖縄で、一番特徴的な悪事は、信用事業上のそれである。これには、二つの特徴がある。一つは、合併前よりＪＡ沖縄に内在する個々の職員による組合員農家に対する信用取引手続上の不正行為である。二つには、ＪＡ沖縄の個々の農家組合員の債務処理に対する債権譲渡の不正問題である。

（２）まず、第一の悪事の特徴である、その主たる内容は、ＪＡ沖縄職員による個々の組合員農家の信用取引に於ける信頼関係を利用した不正行為である。これは、本土のＪＡに存在しない沖縄的取引関係の生み出した、一種の親族的関係が温床になっている点である。

沖縄では、古くから農協職員と組合員農家の関係は、一体的であり、親族的な固有の関係であり、取引上の全ての書類作成やそれに附帯する実印、印鑑証明書、預金通帳等々の関係書類を農協職員に、預り証書何一つ取ることなく託す習慣があった。全ては農協職員の心証に委ねられて信用取引が形成されていたのである。

担当職員は、自身の欲望と利用のために、これを利用して組合員農家に損害をもたらすと同時に農協の組織そのものに信用失墜と損害をもたらした。しかし、ここで大事な問題は、全県的に生じているこれらの不正に対する組合員農家の追求と訴えにＪＡ沖縄は、何等猛省を行うことなく、また組織の監督責任を問うこともなく、個々の農家組合員を逆恨みし、差別扱いを行っていることである。

本土から赴任してきている裁判官の多くは、沖縄県のこうした古い取引習慣と地域的人間関係のことは知る術もなく、言わずとも銀行法に基づいて許可を取得して信用事業を行っている農協の組織が不正行為を行うことはありえないとして、個々の組合員農家の実質的な訴えの全てが、門前払の却下決定されている。

（3）他方、ＪＡ沖縄合併後の債権管理とその回収の実態は、合併前の親族的関係とは大きを行っている。農協組合員の生活再建の手立とその方途は営農指導の本質でありながら、それを放置し、全てを安価で債権回収機構に譲渡している状況である。

合併に伴ってＪＡ沖縄の組織的債務の全ては農林中金より拠出された２００億で償却されてた。これに伴って償却された組織債務の受益は組合員農家が受益すべきところ、個々の組合員農家の債務は何等償却されることもなく、今日に至っても強制的に回収され、応諾不可能な債務は全て債務回収機構へ安価で債権譲渡されている。ＪＡ沖縄が、合併後三期連続的に利益計上したのは、信用事業と共済事業以外は、全て債権回収相当金額を充てたからに他ならない。

（４）この点で、何よりも恐ろしいことは、債権譲渡にあたっての清算が不明瞭であることだ。債権額を幾らで譲渡したのか、その余の譲渡後の債権額と譲渡後の差額を、どう経常的処理されたのか、農家組合員に一切明らかにされてないのが実態であることだ。債権回収機構と農協の担当職員間に、人目の知らない不思議な利権的関係が生じても驚きではない。

4　共済事業上の悪事

①共済事業上の悪事の実態は、全国と共通しており、主として職員へのノルマ強制とそれを受けての農家組合員家族の強制加入と既加入会社よりの剥し加入の強制の実態である。

②個々の修理工場経営者を準組合員に勧誘し、自動車共済の加入をその経営者の顧客とその家族へと強制的に勧誘して加入させている。その手口は、巧妙で、経営者へアパート建設資金の貸付と引き替えに加入を勧誘する形態である。個々の不動産業者と裏連携を行い、不良債権とその担保物件の処理処分の委託と引き替えに、共済への加入を勧誘する。こうしてJA沖縄の行為は、生協の理念と理想とは大きく掛け離れた「何でも屋」の姿である。

③これらのJA沖縄の行為は、共済事業に限らず、ガソリンスタンドとその顧客加入の勧誘、墓売と買手の顧客の加入勧誘、農協の威力を背景に全ての事業に及んでいるのである。

5　その他の悪事の実態

①（1）～（3）以外の悪事の代表的行為が、補助金とその実施上の差別的取扱いである。沖縄全土に国庫補助の農業ハウス施設が散在しているが、その大半が農協を窓口として受給した施設である。農業ハウス施設が、沖縄農業の発展と飛躍に取って不可欠な要素を持っていることは、誰しも否定できない。

②この農業ハウス施設の三分の一相当は、何ら活用されることなく放置状態であり、野ざらしにされて常夏の風雨下で腐蝕して使用不能な状態である。これは、国庫費用の無駄と言う性格からして、許容できない問題である。補助金の窓口業務のあり方に直結する重大な問題である。

③こうした現実には、農協の補助金手続の実態が大きく反映している、二つの問題がある。

一つは、補助金の実施の対象が農家農協職員であった、準農家組合員とその親族及び農協肝煎りの農家組合員に集中していることである。

二つには、補助金実施上の手数料と貸付与貸率の二点に比重を据えて、国庫補助負担外の農家負担貸付償還能力と生産関係に対する十分な営農指導を行っていなかったことが複合的に反映していることだ。農業協同組合法に基づいて一民間組織の農協が、国等の補助金の一括的窓口に指定されること自体が、そもそも異常である。全ての歪みは、そうした点に集約される。

マンガ

農協の悪事

原作　金城利憲

JA(農業協同組合)とは

JAとは、相互扶助の精神のもとに農家の営農と生活を守り高め、よりよい社会を築くことを目的に組織された協同組合です。この目的のために、JAは営農や生活の指導をするほか、生産資材・生活資材の共同購入や農畜産物の共同販売、貯金の受け入れ、農業生産資金や生活資金の貸し付け、農業生産や生活に必要な共同利用施設の設置、あるいは万一の場合に備える共済等の事業や活動を行っています。(JA公式HPより)

メッセージ

食と農を基軸として地域に根ざした協同組合として、助け合いの精神のもとに持続可能な農業と豊かでくらしやすい地域社会を実現したい。

農業者の所得増大

農業生産の拡大

地域の活性化

この3つの大きな目標を達成するため、JAグループは、創造的自己改革にチャレンジします。(JA公式HPより)

素晴らしい理念を掲げるJA。しかし、本当にその通りなのでしょうか・・・!?

2007年・沖縄
石垣島の農家
比嘉さんのサトウキビ畑
ピッ・ピッ・ポーン
おっ、もうお昼か
12時になりました。
この時間のニュースを
お送りいたします・・・
みんな、
食事にしようか！
うーっす！
待ってました
・・・アメリカの証券会社の破綻が
世界中の金融市場に影響を
及ぼす恐れが出てきました。
これから日本への影響も
懸念されています。
AM
最近、ニュースで
リーマンショックって
聞くけれど、何かね？
さあ。
わからんねー
うーん
わったーには
関係無いんじゃない？

それより今年はサトウキビの出来が良いから、計量が楽しみだね！
だからね!!
子供が中学上がるからとっても助かるさ〜
ニコッ
日本への影響は未知数で・・・
午後も頑張って早めに終わったらみんなで飲みに行くか!?
いいね〜よし、頑張ろう!!
あははは!!
この時点で農協は多額の資金をサブプライム・ローンにつぎ込んでいた。その額、約・・・
2兆円

リーマン・ショックとは!?

アメリカの証券会社が販売し、博打的な要素が強い金融商品「サブプライム・ローン」が破綻した事によって引き起こされた世界的な金融危機。これにより、商品の主な販売主であったアメリカの証券会社リーマン・ブラザースが破綻し、連鎖的に金融不安が世界中に広がった。日本でも複数の企業が投資金を回収出来ず、長期に渡り不良債権処理に苦しむことになる。農協(JA)は農家の預り金である貯蓄金を、博打要素の強い金融商品につぎ込み社会的に大問題となる。

その頃JAでは…
マスコミが気づいて騒ぎ始めています!!
こうしている間にも損失は増え続けている。一体、どうすれば…
まず国に損失補填を申請しましょう!
しかし、恐らくそれだけでは足りない。一体、どうすれば…
…肥料を値上げしましょう。
!?
!
みんなの貯金が「金融危機のせいで」危ないと煽り、商材を値上げするんです。
多少、荒っぽいがグズグスしていたら責任を追求されて自分達が危なくなる。
どうせ無くなった金も農民の預り金。この際、農民から取りましょう!
よし!
それで行こう!!
これが悪夢の始まりだった!!

JAの窓口ー
えっ
今日から肥料の値上げ!
昨日まで1200円が
3080円に!?
いくら何でも
酷いじゃないか!!
スミマセンねぇ。
原料が高騰してるからと
本部から通達がありまして。
まあ、無理にとは
言いません。嫌なら
他で買って下さい。
どうします?
ぐっ、せっかく
サトウキビが高く
売れそうな時に・・・
すみません
JAお
JAによる肥料の値上げ、本土では
1000円から1600円だったにも
関わらず、沖縄では1200円から
なんと3080円に跳ね上がった。
しかも、沖縄では値上げのみならず
売り渋りまで行い、窓口には
肥料を求める農家のクルマが
長い列を作る事態が起こる。

そうだ！
こんな時のために
セーフティー・ネット（注1）
で農家を助けてくれる
仕組みがあるはずだ。

おお、今度こそは
JAが力になって
くれるだろう!!

JA窓口

ええー、JAも
リーマン・ショックで
お金が無いから基金を
発動出来ないって!?

そ、そんな・・・

ガクッ

自分ら農家は一体、
どうしたら・・・

・・・農家の人たち、
とても困ってましたが。

上からの指示なんだ、
仕方ない。

いざという時の為に用意されている
セーフティー・ネットも、JAは様々な
理由を付けて発動せず。

（注1）台風など、不慮の災害によって被害を受けた農業経営の再建。社会的又は経済的環境の急激な変化による経営の不安定化など、農業者の責めに帰すことのできない要件などに該当する場合に、農林漁業経営の維持・安定を図るための資金です。（沖縄県公式ホームページより）

沖縄で基幹作物とされているサトウキビ。巨額の税金が補助の名目でつぎ込まれているが、そのお金は直接、農家の手に渡るわけではない。
一度、JAを経由した後になる事を、みなさんは御存知だろうか？その手数料の額は、年間でなんと・・・
およそ40億円!!
肥料の値上げ、いざという時のセーフティー・ネットも駄目。他の作物も作らせない。農家は一体、どうしたら・・・
JAは、この補助金の手数料を目当てに、沖縄の農家に対してサトウキビの栽培を推奨しているが、それは何故か？その理由は、他の農産物を作られるとJAに手数料が入らず困るからである。
そしてJAは肥料の値上げ以外にも農家へ貸し付けた債務の強引な取り立ても行なった。
いわゆる鬼の仕打ち
「貸し剥がし」である。

名護市の農業粗生産額は18年前(革新時代16年間)は年平均90億円で、最高95億円にも昇りました。しかし、保守市政18年間が経た今日、60億円を割っています。競い合ってきた石垣市は、105億円。名護市は、18年間で農業を衰退させ、大失敗に終わっています。この間、名護市で農業者が23人自殺、北部では57人が自殺しています。

名護市議会は平成17年9月議会でこの問題を取り上げ、行政JA・負債農家3者が話し合うことを提案し、市長も積極的に対応することを確認しました。

JA
沖縄の農協は過去に合併した際、上位団体からの出資金により債務が帳消しになったが、その受益を農家に還元せずに、農家の債務をそのまま農協の資産として残した。

その結果、農家の負債はわずか三ヶ月の間に農協の資産へと変貌したのである。

なりふり構わない強引な取り立てによりボーナスが支給され、職員には笑顔が溢れていたという。

しかし、言うまでも無く、このお金は全て農民から強引に搾り取った血のようなお金なのである。

JA沖縄本部
しかし、今回は本当に上手く行きましたね!!
JA会館
サブプライムの失敗も国からの損失補填に加えて農家を締め上げてボーナスまで出せるとは
あはは。笑いが止まりませんよ
しかし、流石にこれ以上、サトウキビからお金を絞り取るのは難しい。他にネタは無いか・・・
そういえば最近、「石垣牛」が評判らしいですよ。
ほほう、石垣牛!!
松坂牛等にも負けない肉質で評判らしいです。それに・・・
実は調べたんですが、まだ商標登録もされていないので今がチャンスですよ。
ニヤリ

こうして、石垣の畜産農家が地道な
努力で築き上げてきた地域ブランド
「石垣牛」の商標権は、本来は
営利活動を禁止されているはずの
JA石垣が握る事になってしまう。
商標取得後、閉鎖されてた
JA石垣肥育センターを使い
導入をスタートさせた。
畜産農家・宮城さん
今年の子牛は
餌をよく食べるし
成長も良い。
セリが楽しみだ!!
モオ〜

子牛のセリで買い付けは現金決済以外ダメだって!? こっちは県外から来てるんだ、そんな大金も持ち歩く訳ないじゃないか!!

すみませんねぇ。肥育センターが金融機関の管理下にあるものですから・・・

このままでは生活できない・・・
JA石垣は五百五十頭の子牛を、一頭あたり破格の20万円以下で購入に成功。
逆に石垣、黒島の畜産農家は4億円以上の収入減となった。
しかし・・・
子牛価格が大幅下落
2市場で10—14%
タート
そうだ、こんな時のためにセーフティーネットで基金があるはずだ。農協に掛け合ってみよう!!
そうだな、こんな時の為に基金があるんだから何とかしてくれるだろう!!
その頃、サトウキビ農家ではー
サトウキビの時と同じく、またしても基金は発動されず、農協は県に打開策を訴える、自作自演の集会まで開いた。マスコミを利用して都合の良い情報操作を行ったのである。
ニュースにはなったけれど状況は何一つ良くならない。自分達はどうすれば・・・

そうだ！
農協もダメ、マスコミもダメなら
最後は政治家の先生に
お願いするしかない!!
なるほど!!
何かあればいつでも相談に
来てくれと言っていたし！
しかしー
えっ、農業の事は分からないから
全部、県農水部の職員に任せているって
どういうことですか!?
申し訳ないが、素人が余計な
口出しをしても皆に迷惑を
かけるだけなので・・・。
そんな、あんた達、
何の為に政治家してるんだ!!
政治家が及び腰なのは勉強不足と、
公務員である県の農水部長が50億もの
決済権を持っているなど、JAを取り巻く
天下りの構図が、政治にも大きな影響を
及ぼしているからである。

もう誰も当てに出来ない。
自分達で何とかするしかない!!

藁をもすがる思いでインターネットを検索してみると、そこにはTVや新聞には載らない、JAの様々な情報が溢れていた。

農協の嘘
正引き出し、常任幹事が自殺
のJAなのか分からない
沖縄の農協職員不祥事
10年で24件　被害1億円
部地域での自殺
JAが助けてくれないのは何
による不祥事件数一
天下り職員
JA職員が1億円着

JAに怒っている農家が全国にこんなにいるとは。

県外では米農家が沖縄のサトウキビ農家と同じように苦しんでいる。酷すぎる・・・!!

宮城ファーム
比嘉さん!!
こ、この情報は・・・
自分達も、牛の飼料を買うには
JAを通さないといけないし、
肝心なときには守ってくれないし
頭を悩ませていた所でした!
自分たち酪農農家もJAには
さんざん裏切られて来たんだ。
まさかサトウキビ農家も同じだったとは
自分たち農家はサトウキビを
牛の飼料として宮城さんに下ろせば
JAに引き取ってもらうよりも
収入が増える。
自分たち牧場は飼料を
安定して確保できるし、
JAを通さないから独自で
値段を決めることが出来る。

よし、皆に呼びかけて
情報を共有しよう！
その上で、どうするかは、
それぞれで決めればいい。

自分達はやるぞ!!
JAの嘘がバレ始めて、
本当の事を知った人々が
行動を起こし始めている。
今こそ、自分の未来を、自分の手で
切り開いていくチャンスだ!!

一目瞭然

「農協の犯罪チャート」図

» 自作自演のストーリー

自作自演のストーリーで、農家がオーダーした自作自演のストーリーで、農家がオーダーした肥料の５分の１しか販売せず、倉庫に隠し、割り当て制度とした（物流の便利の悪い与論島、沖永良部は1600円）まで値上げしたがその時は農協の営業所には軽トラの列ができ、渋滞する

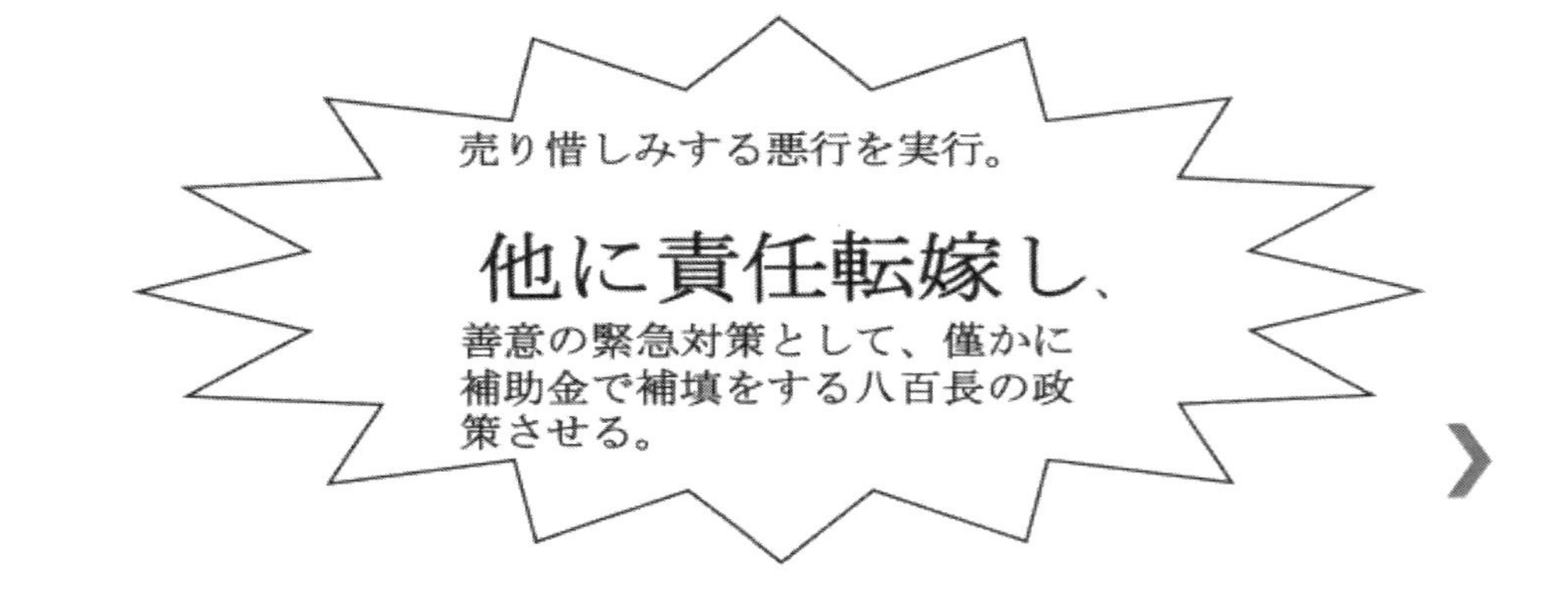

売り惜しみする悪行を実行。
他に責任転嫁し、
善意の緊急対策として、僅かに補助金で補填をする八百長の政策させる。

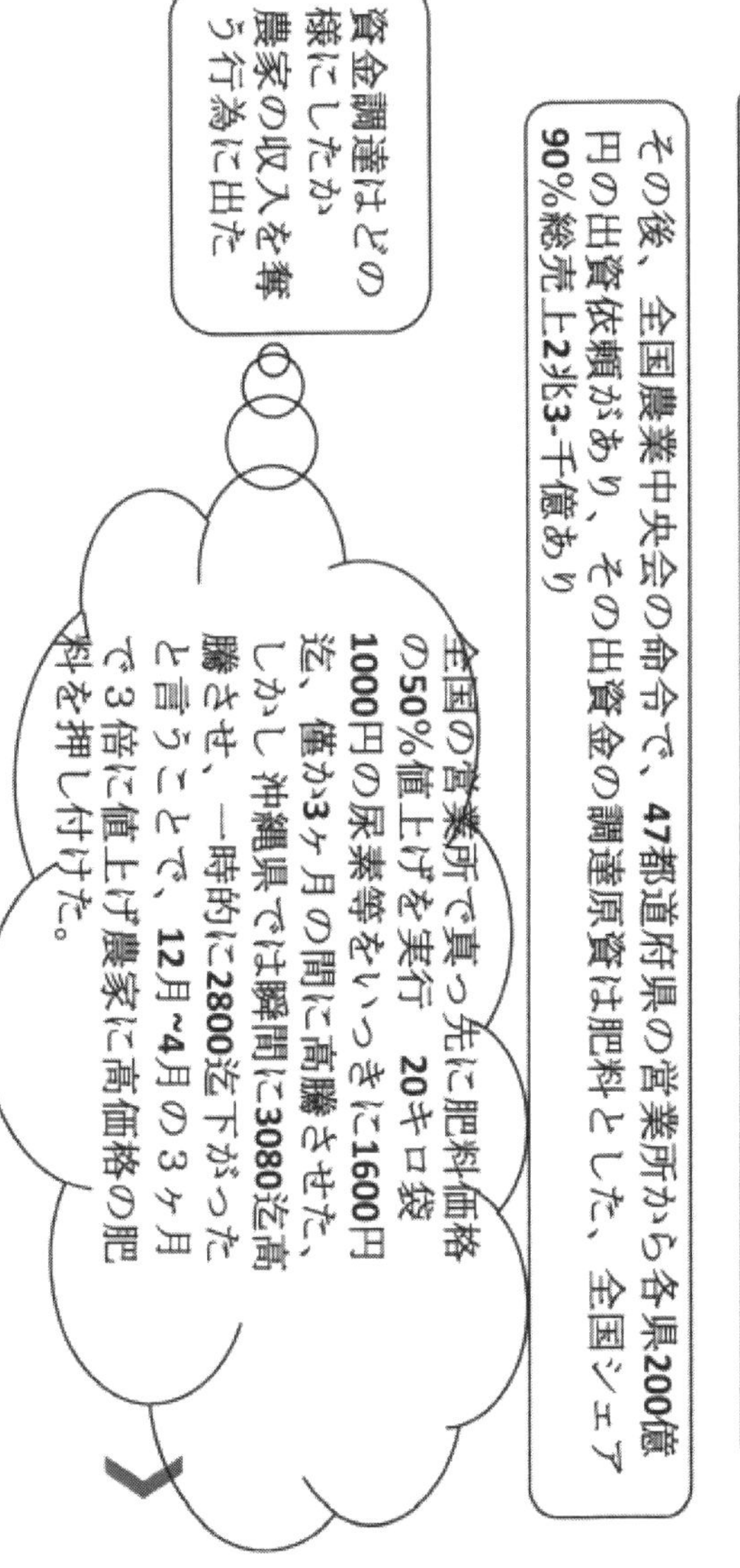
» 農家の収入を奪う農協の体質、自己目的組織
自民党政権下時、サブプライムの損失を、国から農林中金へ出資、2兆円の損失補填（農林中金）の決定があった。
その後、全国農業中央会の命令で、47都道府県の営業所から各県200億円の出資依頼があり、その出資金の調達原資は肥料とした、全国シェア90%総売上2兆3-千億あり
資金調達はどの様にしたか農家の収入を奪う行為に出た
全国の営業所で真っ先に肥料価格の50%値上げを実行　20キロ袋1000円の尿素等をいっきに1600円迄、僅か3ヶ月の間に高騰させた、しかし 沖縄県では瞬間に3080迄高騰させ、一時的に2800迄下がったと言うことで、12月~4月の３ヶ月で３倍に値上げ農家に高価格の肥料を押し付けた。

» 肥料代金で蓄財

日本の農業産出額は**7**兆**5**千億
全農の肥料販売額は**2**兆**3**千億
一般には農家の収入の３分の１が肥料代金に充当される、数字が表されている

化学肥料は石油製品の副産物であり、海外では高騰はあり得ず日本国内価格の３分の１で流通しておる。国によっては**10**分の１の所もある。

石油の清算は止めるわけにはゆかないだろう

農家の収入を奪い三倍に値上げする事で、聞く所によると**300**億円の出資金を調達する事は簡単に出来た、農林中金の損失補填に充当された。

沖縄県農協の幹部が出資後に中央会の理事に就任した

「農協の犯罪チャート」

合併後、肥料の値上げ後には農家の農地が膨大な数で、競売され、
農家の自殺者が**200**人以上発生したことは事実です。
減資する事により、農家の債務は農協の膨大な資産に生まれ変わる

沖縄県農協は、上部団体の出資金により合併後は債務０となり、
その受益を組合員である農家に還元せず、債務のある農家を再生させず、
猶予も待たずに、延滞が少しでも発生すると直ちに差し押さえ、競売を実行し債務処理に急ぐ

その競売に出された受益は初年度**30**億円、あっという間に上部団体の出資金の回収は終了させ、職員には久方ぶりにボーナスを至急、職員は手を叩いて大喜びする、初年度**30**億円、次年度**15**億円、**25**億円と、農林中金の出資金による債務０になり、債権処理が全額利益となり久方ぶりにボーナス至急したのである、

—４—

» 国のセーフティーネットを発動せず

坪単価700円、1000円の二束三文の農地が30億円に達するには膨大な農地が競売に出された事に成ります、出資金200億円以上は回収されたので有ります、

石垣の島の人の農地が土地が70%以上は土地が奪われ、流民に成りかねない状況、再起出来ないプロの農家が多数存在して居ます、

高い肥料、飼料売り付け農家の収入を奪う行為は平然と行われ、農業が立ち行かない事は自信の手腕に、責任と思われる事が当然の事となって、居ます。

» 追い込みかけ、取り立て、それが農協の資産に成る

農畜産物は天候や相場に左右され、経営は**博打的要素**が多大にあり、経営を安定させるために、農畜産物の基金が創設されております、
（畜産基金、園芸基金、糖業基金）

バブル到来時にJAは使い込んでおり、残高はなかったが、表には有る様にして(農家さん相場が安いので基金を発動します、もう少し踏ん張って下さい)の主旨が基金創設なのです、基金の準備金は農家の積立てと、国、県の交付金、補助金が積立てております、

金利の損害金も免責せず、天下りの為の資金に温存させる

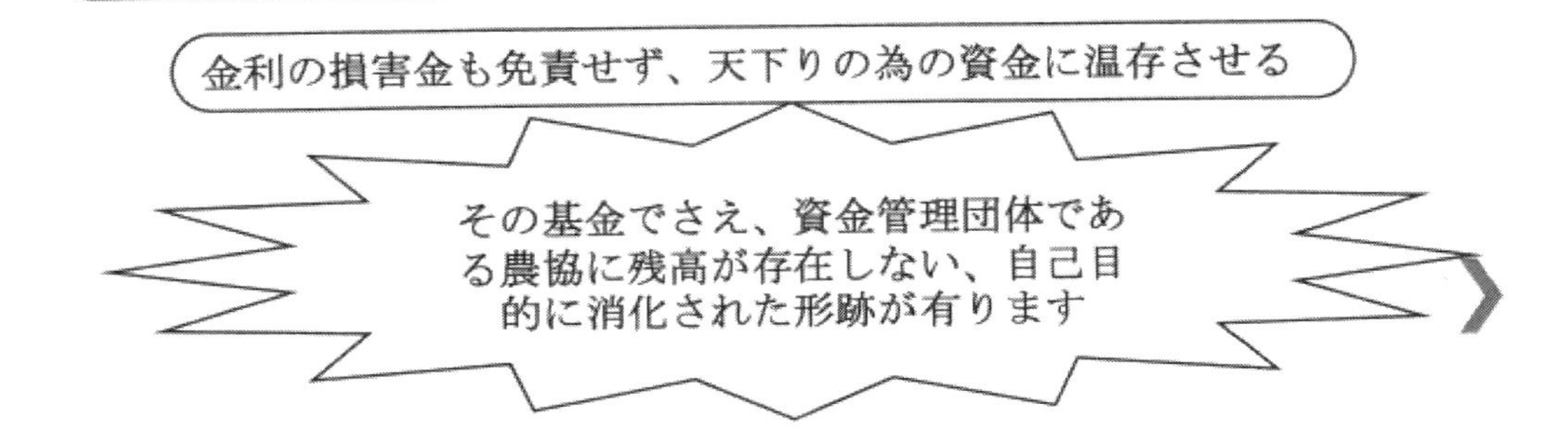

その基金でさえ、資金管理団体である農協に残高が存在しない、自己目的に消化された形跡が有ります

自作自演の集会

県に打開策訴え

輸送体制の

子牛価格暴落

生産者が危機突破大会

「決起大会」を報じた地元石垣市の有力紙

使い込んだ基金100億円程が存在しない

平成20年4月11日石垣牛の地域ブランド商標取得後、
（特許庁に申請書類の起案書を事務所の市の職員が偽造・・
起案書が無い）
営利事業してはいけない、法令違反のJA石垣肥育
センターは、閉鎖されていた肥育場に導入をスタート、
550頭の子牛を20万円以下で買う

低価格で導入するために、九州の最大購買者が購入ボタンの申請時に、
本日は現金で購入して頂きたいとJA側は要請、何故かと？聴くと金融機
関の管理に入っているからと、作り話をし、競りに参加させず、よって
子牛の相場は大暴落・・大手購入者を帰らす

宮古、南部、北部と、他の市場は正常出会ったが、900頭の子牛が競り
出される、八重山市場、黒島は大暴落、農家の4億3-千万円の収入減と
新聞記事に書かれた、（20万円以下であったが基金発動せず）

» 農協の職員の人数は、専業農家の10倍数

その時も基金発動せず、農家の損失は多大になり、飼料、肥料の代金払えず土地を取り上げられる。

無法地帯

子牛の相場が30万円切ると基金発動の条件であるが、新聞記事には、30万円以上と改竄、残高のない基金は発動されませんでした。平気でウソ付く

収入の途絶えた農家は、未払い発生し、農地が競売出されるのである、もう二度と農業などしないと、プロの農家は捨てぜりふで離農する。

ほとんどの 島の農地は70%以上が競売に出され、多くの農家を離農させて、平成7年ゆいまーる牧場の法人設立時期には、12万人いた農家が27年時の農家は19000人と減り続けて居ます。

その内18000人が年収20万円、年間労働時間100時間が平均と成ってます。

砂糖黍農家です、・・現実は3000人の農家に対し2万人居る

では専業農家は何人？・・・無能な人達、無能な政治家、無能な議会
それに対して県農水部の職員、41市町村の農水部の職員、農業委員会、農協の職員の人数は、専業農家の10倍数に達してます

» 汗水たらして育てた子牛を意図的に暴落させる

信連に文書開示求めるが、開示せず、平然としている。基金発動せず、
農家をサポートせず　多くの農家が絶望に討ち非がれ、自殺した事実が
名護市議会の議事録に有ります、その人数は**80**名と成っております、

私の知人の報告では、ま**3000**万円の借金が、延滞損害金**15**%も負けずに、
7000万円に言葉巧みに書き替えさせられ、
騙されたと憤慨、殺意を持っていた処周りに説得され落ち着いた処、
行方不明になり首をつたそうです、説得した方も同じく農協職員に詐欺
にあい裁判中で、合った処で、殺意を実行させれば良かったと言う位、
憤慨しておりました

何故かと私の処には沢山の農家の自殺事例経緯の情報が多く入って来ます、

沖縄県全体で、北部は議事録に載っているとうり、**80**名、中部？、南
部？宮古？先島？八重山**80**名、**300**人近く存在する様です、
随時元ジャーナリストと調査してます

農業衰退させ、農協栄える

20年間で10万人近くの農家数が減少

農協解体後　TTP後の解体
農家の立地を奪い、一大コングロマリットを目指している
沖縄県全体で5000億円の巨大マーケットが有る、
輸出の牛等農産物を育成すると1兆円の産業になる

一世帯当たり2.5人家族　5.5千円の食料消費支出
月間沖縄県全体では300億円×12月＝3600億円
観光客700万人１人当たり2万円の食料支出1400億円
それに対して、食卓に上がる食料産出額は300億円、
県内自給率は6-%と確かな数字が弾き出される、
沖縄県内のスーパー、コンビニの外部調達3000億円、

無能な人達の結果、沖縄の人は貧乏している
可哀想

バキュームのごとく外部調達の食料によって富の流出、
余らした税金、交付金予算は、天下りの糧に振り向けられる

「農協の犯罪チャート」

» 農家を殺してでも、農協を守る、自己目的の組織、ファシズムが存在する

毎年度の農水部の予算は1000億円、に対して
　産出額は900億円、その内水産業230億円、
　生産材の砂糖黍は180億円
　花卉園芸130億円、
　子牛生産180億円、
食べられる農産物、食卓に上がる消費材の農産物は300億にも満たない、

砂糖黍を基幹産業と言って、
　離島の防衛と言って、
　砂糖黍辞めると無人島になると言って、
　砂糖黍以外の有望な作物の推進を阻害する。
　結果が、農業を衰退させて来た、

本土の政治家はJAの嘘を鵜のみにした

補助金を続けさせる為に10年前に農水部長がJAの理事長に就任すると、
　黍以外のサポート事業を控えてほしいとの、お達しが出された
農協は、砂糖黍を辞めると自己否定になり、
　年間40億円の手数料が確保出来ず、JAは倒産するのである。
農家を殺してでも、農協を守る、自己目的の組織、ファシズムが存在する。

» **役人は組織拡大天下りの為に業務を遂行する。**

» **民間の事業は後回し**

毎年度の農水部の予算は1000億円は、？
40億円の産出額に対して1000億円の予算の無駄使いする。
県の農水部を解散し、1000億円の予算を農家に上げろ

今日まで、その予算はどの様に消化された？
元の農水部長はJAの理事となり、
歴代の県内農水の役人はほとんど農協に天下り

40億円の産出額に対して表に出せない予算は1000億円使う
農水部の人件費・・馬鹿げた政策

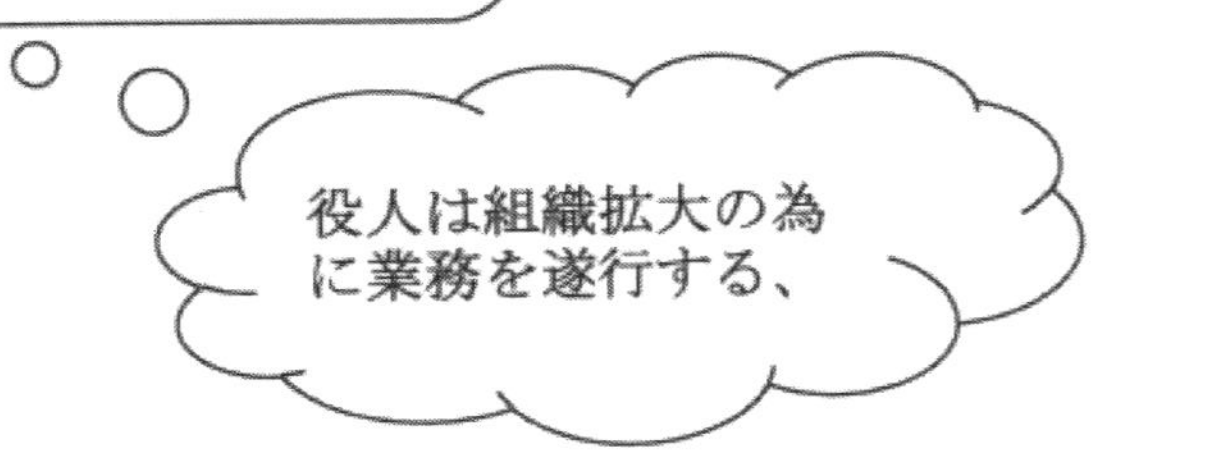

－1

» 人事権を握った元農水部長

元の農水部長は、(砂糖黍以外は支援を控えろ)...のお達しは強烈で人事権迄握る、観光客には砂糖黍かじって下さい、の農政、政策を長年実行してきた、意欲ある農家を徹底的に潰す阻害する、県農水部、農協とタッグを組む、タッグを組んだ県農水部の職員は、沖縄開発金融公庫にも調査役と出向し、農協の意にそぐわない農業者は、国のセーフティーも、受けさせない

外部環境の荒波に持ちこたえられない、農業者は確実に離農の選択しかないのである

農業は思考停止状態が長年近く続く
自己目的化された組織は、天下りの受け皿、斡旋業者となり、（法令違反、農協法違反、補助金の掴み金で出資）
JAは系統外出資が20社程あり、全く農業と関係ない会社に出資をし、天下りを斡旋している。そこで完全に人事権力を掌握している ***農家に投資せず、守らず***

» 役人に使われている県議会議員・・政治の劣化がもたらす県民の不幸

沖縄県農林水産部長の決裁権が、50億円あるらしいと、県議員の報告がある、

え、？議員、議会を無視した事ではないか？事後承認で、予算が組み込まれる、役人と自己目的のJAが、自分達の都合の良いように政策、天下りの為に仕事する。

予算を決めるのは議員だろ

堺屋太一先生の講義を受けたこと事がある、印象に残る言葉(役人は自分達の組織拡大の為に仕事する、

議員に聴くと誰一人、農業の事は解らない、
知らないからな、と返事する、
善良な農協さん、
農協が農家を守っている認識、

» 行政と農協はやりたい放題、幾つもの法令違犯を積み重ねて来た事が拡大

農家の自殺、農業の衰退、産出額の減少、自給率の低さに対して認識なく、
農政は農協任せ、逆に非難すると選挙当選しなくなると、ハッキリ言われる、
あぁ此の問題に関わりたくない保身が見える、
（実際は農家の恨みつらみはかなり有り、**JA**の票は有りません）

無法地帯、私の本を読んだ（暴力団の組
長が暴力団より悪いと言った　真の悪党

沖縄県民が、日本一所得低い原因と成ってます、
予算を観ても農家をサポートせず、県民をサポートせず
天下り斡旋している組織に最優先のよさん組、民間レベルは後回し、
結果が、年度内消化出来ず、交付金の返還が毎年**400**億円以上ある、
埋蔵金にする積もりがばれて返還がもとめられる事も
多々見受けられる。

» 天下り第一に予算を組め、沖縄も県民の事業者はどうでも良い

民主党政権下に決定した一括交付金は最悪です、
よだれを出したのは農協です

500億円近い交付金をせしめファーマンズ、営業支所、まるでベンツを展示する様な豪華な営業所を建設、沖縄県各地に開設する、

近々JA会館を高層ビル、立派な建物を１０００坪の敷地に建設決定、TPPに向けて解体では無いのか？疑問だらけ、

» 離農を勧めるJA

» 　・・・サボルと補助金貰える産業

農家の為に仕事出なく、一大コンチェルンを築く準備を着々と進めている。

毎年度の砂糖黍の交付金は**240**億円、
農家に**140**億円、製糖工場に**100**億円交付金が、支給される
製糖工場は年に３ヶ月稼働し後はお休みする、
一年中稼働すれば善いものの、黒字になると補助金貰えず、
さぼると補助金支給される。そんな事業を何年も続けるの？

農家に支給される交付金のま**40**%が手数料として徴収され、ほか
数々の経費が農家に請求され、農協には多きな収入原と成っている。

沖縄県の復旧後ま**40**年間で砂糖に**1**兆円つぎ込まれたが、
農家は未だに豊かに成って居ない、

天下りOBの意にそぐわない、意欲の有る公務員は左遷させられ、一生出世出来ないリスクが有る

農協は砂糖黍を農家が辞めると自己否定に成るので、
砂糖黍に縛りつける行為に走る、
天下りの為に、行政と農協はぐるになり、農家を縛りつける

他の伸長する作物を阻害する行為に無意識に実行する、
有望な農産物は数多くある
これ程意欲ある農家を徹底的に潰す、阻害する国は有りません、
農家が職員を雇い、給料を払いその受益を農家に分配する組織が、
農協組合であるが、マルクス・レーニンの思想、マル経経済

組合が農家を支配し、統制経済となり、農家をダシ汁にして農家を守っていると言いながら、政治家もその嘘を見抜いているが国から補助金をもらい続ける事を今日まで実行している、

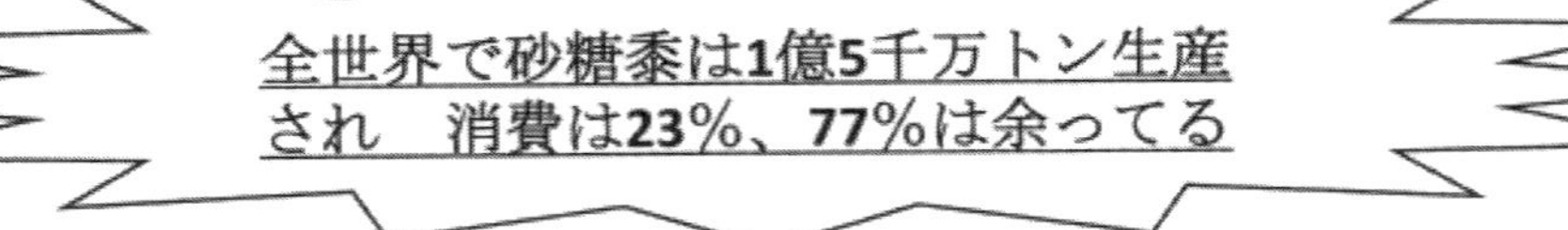

ここが大事　自立経済を目指す

補助金無くても砂糖黍は牛に与える事により

収入が大幅UP

その砂糖黍は黒毛和牛に給餌すると、トン二万円で、食べてくれる、
おまけに年三回収穫し、補助金無しでも砂糖黍農家の収入は、製糖
工場が買って貰うより、収入は10倍にもなる、

近年黒毛和牛の生産が増え、日本の和牛を支えるのは沖縄
沖縄県全体の7万頭数の牛が砂糖黍を消化しても足りないのである、

外国ではケントップ、シュガーケンとして家畜に与えている、

畜産を伸長させるべきです

牛が増えたら黍が潰れるとアホな事を言
う無能な人達
これでは沖縄の人達、食べて行けない
補助金を貰い続けなくてはならない、補
助金貰って基地反対言えない

日本の和牛を支えているのは沖縄県、
畜産は1千億の産業になる可能性

東北の黒毛和牛の生産者が大幅に減少し、国内の和牛子牛の生産の担い手として、沖縄県は重要な位置ずけと成っており、日本の和牛を支えるのは沖縄県、和牛子牛生産は、本土の和牛肥育農家の、生殺与奪を握っているのは過言では有りません、

10年前には農水部長が農協の理事に就任すると、途端にこれ以上畜産が新興すると、基幹産業である砂糖黍畑が減少し、補助金貰える製糖工場が倒産すると大騒ぎ、

牧場、牧草地を増やすな、新規就農者を増やすな、
砂糖黍以外の認定農家を増やすな、
砂糖黍以外
牧場、牧草地を増やすな、新規就農者を増やすな、
砂糖黍以外の認定農家を増やすな、

砂糖黍以外のサポート事業案を全てストップする蛮行に出た、砂糖黍を栽培するとファイナンスすると、甘い言葉て農家を誘う、

収入の少ない砂糖黍に縛り付ける農協、農水部

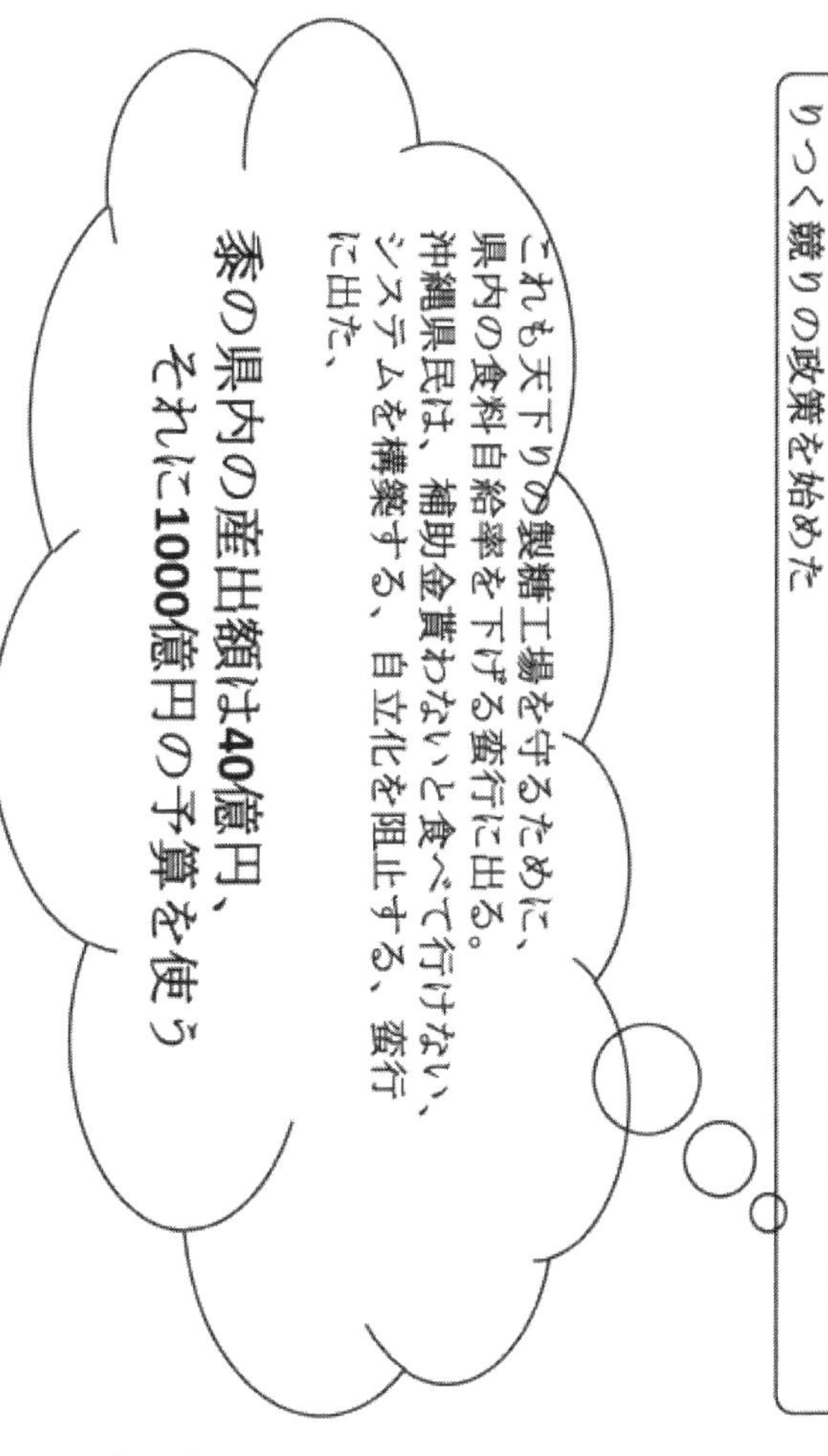
» 黍を植えたら金貸します、甘い言葉
植え付けも、組合で実行します、肥料も補助金でま、支給します、至りつく競りの政策を始めた
これも天下りの製糖工場を守るために、県内の食料自給率を下げる蛮行に出る。沖縄県民は、補助金貰わないと食べて行けない、システムを構築する、自立化を阻止する、蛮行に出た、
黍の県内の産出額は40億円、それに1000億円の予算を使う

結局、土地利用型の砂糖黍は、農家は利益が出ず、農地を手放し、離農が大幅に増えたのです

夢と希望もない、持たすこともしない、砂糖黍が衰退する中で、
人口2500人ほどの島で砂糖黍が年間5000万円の生産額の島、伊是名村にて、50億円の製糖工場を建設決定、
同じく規模の島、多良間村では、70億円の製糖工場建設決定、

波照間島29億円、与那国島29億円、西表島ま23億円の製糖工場建設決定、
全て一括交付金は、議会をとうした事に、事後承認された、

農家をサポートする精神は皆目存在しない、
役人の定年退職後の組織拡大に精を出す。

» 掴み金で経統外出資？？系統外出資、人事権を握る

あらゆる政策の決定も、起案書なく、文書開示求めると、平気で起案しよ存在しませんと回答する、
小さな島に50-億円の製糖工場作る必要が有るのか、誰が考えても整合性は有りません、

その製糖工場の資材4000万円が、4億円と見積り提示された、その納品会社の社長はこそっと耳打ちする、ひも付きが剰りにも多い、

その交付金受けるJA設計サービス、株式会社は設計士一人もおらず、過剰な交付金事業を一手に受け、莫大な収益を生んでいます、

予算の掴み金！
政治の劣化！
農家のサポート忘れた行政、　　！
事故目的の団体！
農家を出汁に補助金取る
見てみぬふりする政治家！
事実の農家の自殺、名護市議会の議事
録！
地産地消を拒む団体であった！！
独立に程遠い、阻害する団体！
子供の貧困、沖縄の貧困！
薩摩藩から続く砂糖黍、

沖縄の今

沖縄の農業・畜産
問題と改善すべき点

- 農家に資金がスムーズに流れない。
- 新しい有望な作物や畜産へ転換する際の支援策がない、行政・金融関係者の勉強不足。
- 担保となる農地の低評価、坪当たり1000円～2000円と、本土に比べて農地価格が安いため、借入金が少ない。
- 農家に対する数々の補助事業があるにも関わらず実行しない。農家に対する案内、説明が行き届いていない。
- マーケティングビジョン、市場開拓が本気で取り組まれていない。既存のキビ産業が潰れる恐れを持ち、他の農産物を育てない。

キビを止めると自己否定に成る　農協の思考停止

・・・しかし、キビ農家は年に一度しかお金が入らない

もっと収入の良い畜産をしたい！
キビはやめたい。
でも、キビをやめて他の農業をしたとしても、収穫までの期間の資金がない。
仕方ない。キビしか出来ない。
JA、農政が何とかしてくれるかも。
JAの議員が良く言っている。
大丈夫かも。

農家青年

農家の依存心を上手くマインドコントロールしているが、
すでにその時代は終わっている。
自立するべき

3.担保となる農地の低評価、坪当たり1000円～2000円と、
本土に比べて農地価格が安いため、借入金が少ない。

大きな希望を持って
計画作成
公庫に相談
普及センターに相談

農家青年

うーん・・・。
県のトップから畜産や他の作物は難しいとお達しが来ている。
困るな、JAの方針から外れた農業計画は・・・。先輩たち、OBがJAの要職に就いている。
方針から外れると左遷される。

何とか、書類は作ってあげましょう。

相談員

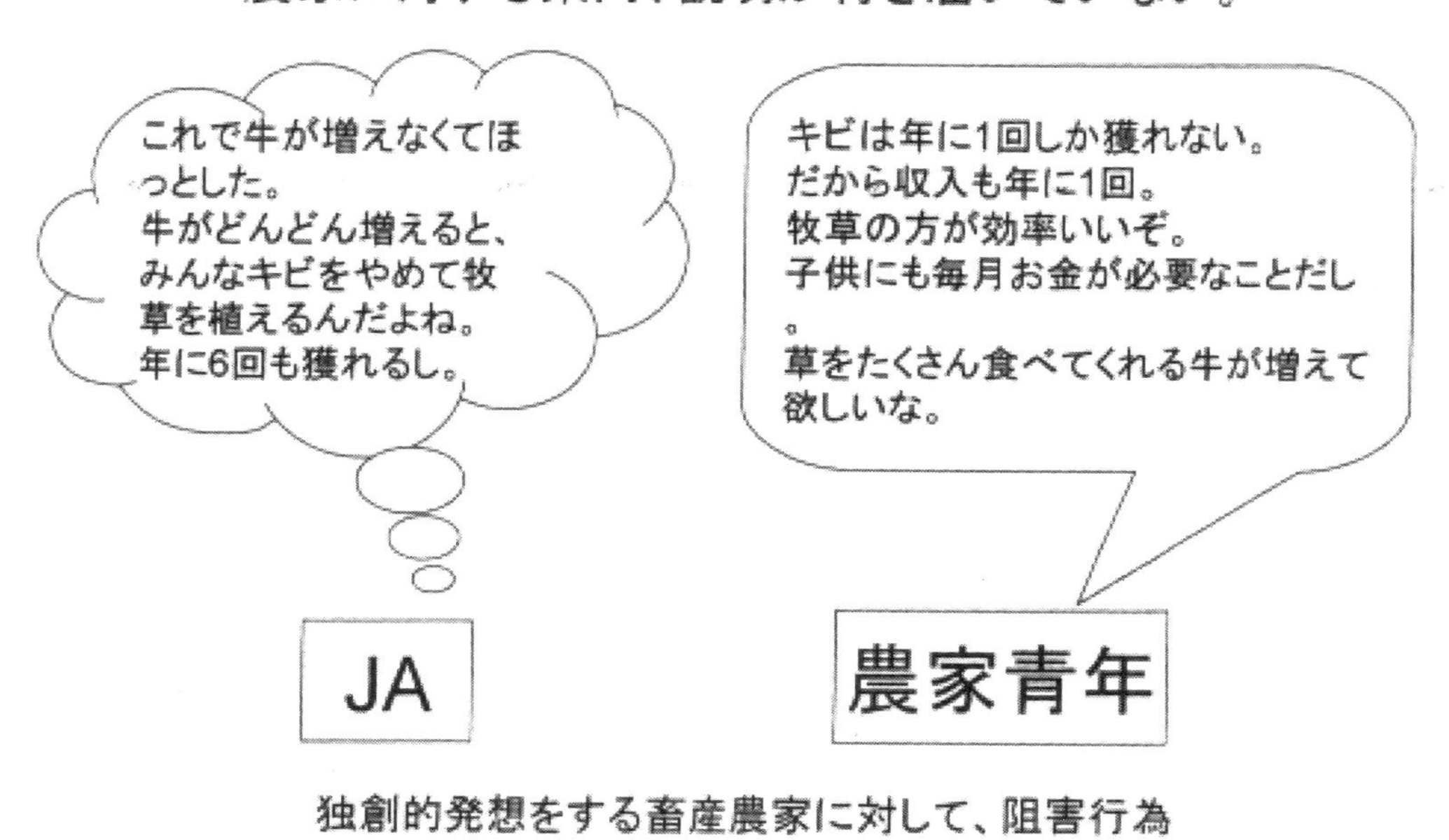
4. 農家に対する数々の補助事業があるにも関わらず実行しない
農家に対する案内、説明が行き届いていない。
これで牛が増えなくてほっとした。
牛がどんどん増えると、みんなキビをやめて牧草を植えるんだよね。
年に6回も獲れるし。
JA
キビは年に1回しか獲れない。
だから収入も年に1回。
牧草の方が効率いいぞ。
子供にも毎月お金が必要なことだし。
草をたくさん食べてくれる牛が増えて欲しいな。
農家青年
独創的発想をする畜産農家に対して、阻害行為

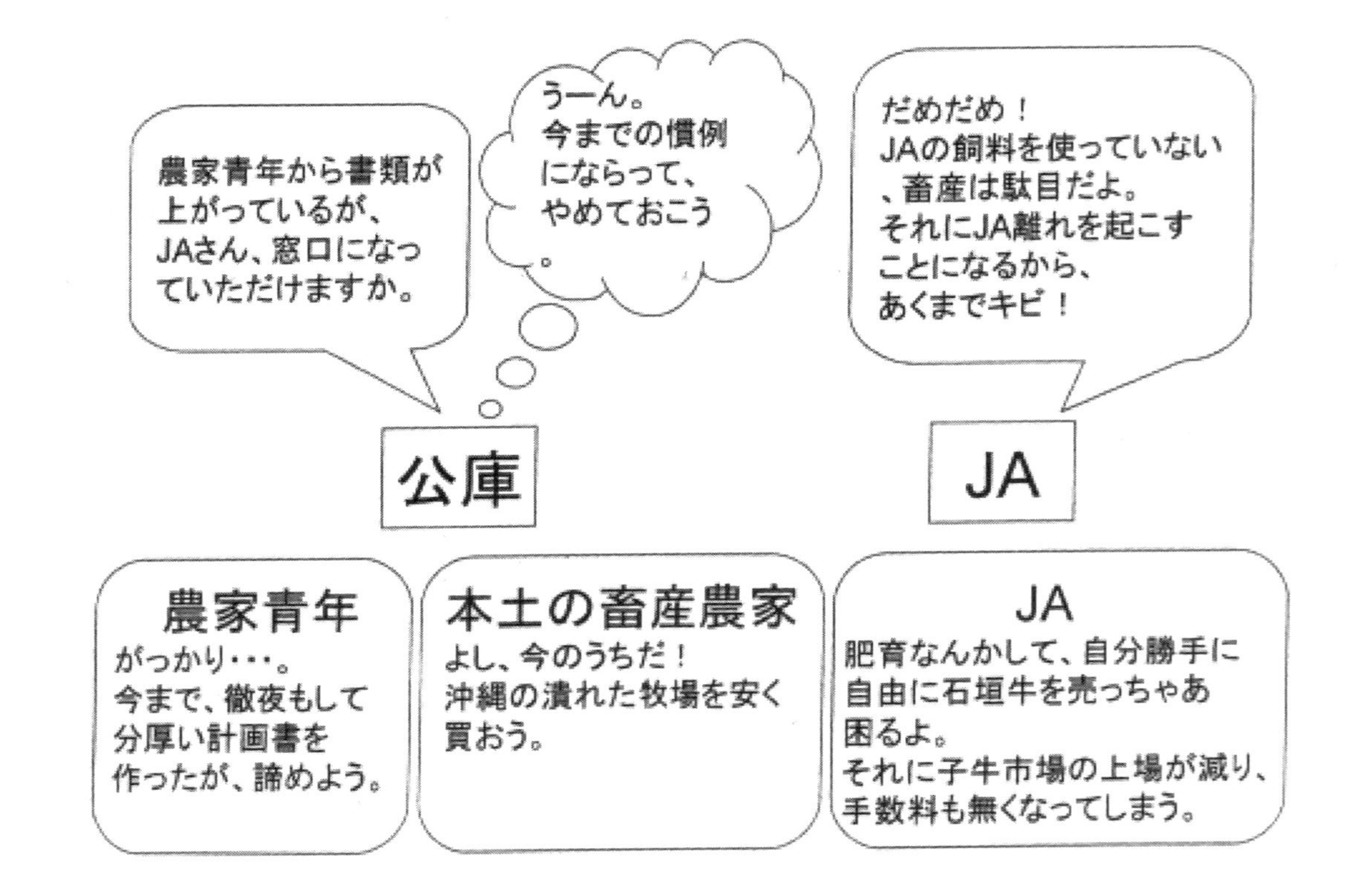

農家青年から書類が上がっているが、JAさん、窓口になっていただけますか。
うーん。今までの慣例にならって、やめておこう。
公庫
だめだめ！JAの飼料を使っていない、畜産は駄目だよ。それにJA離れを起こすことになるから、あくまでキビ！
JA
農家青年
がっかり・・・。今まで、徹夜もして分厚い計画書を作ったが、諦めよう。
本土の畜産農家
よし、今のうちだ！沖縄の潰れた牧場を安く買おう。
JA
肥育なんかして、自分勝手に自由に石垣牛を売っちゃあ困るよ。それに子牛市場の上場が減り、手数料も無くなってしまう。

「農協の犯罪チャート」

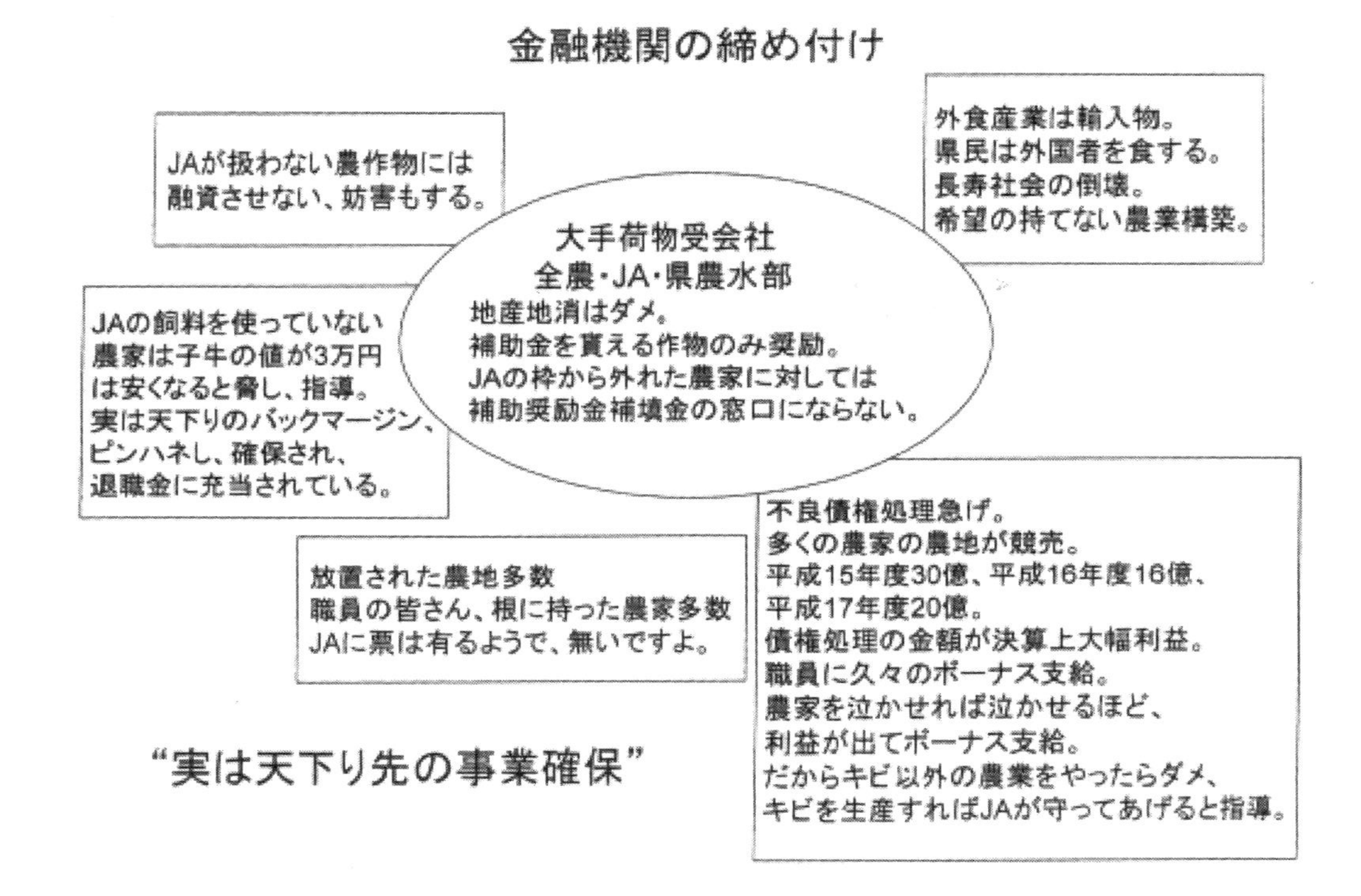
金融機関の締め付け
JAが扱わない農作物には
融資させない、妨害もする。
外食産業は輸入物。
県民は外国者を食する。
長寿社会の倒壊。
希望の持てない農業構築。
大手荷物受会社
全農・JA・県農水部
地産地消はダメ。
補助金を貰える作物のみ奨励。
JAの枠から外れた農家に対しては
補助奨励金補填金の窓口にならない。
JAの飼料を使っていない
農家は子牛の値が3万円
は安くなると脅し、指導。
実は天下りのバックマージン、
ピンハネし、確保され、
退職金に充当されている。
放置された農地多数
職員の皆さん、根に持った農家多数
JAに票は有るようで、無いですよ。
不良債権処理急げ。
多くの農家の農地が競売。
平成15年度30億、平成16年度16億、
平成17年度20億。
債権処理の金額が決算上大幅利益。
職員に久々のボーナス支給。
農家を泣かせれば泣かせるほど、
利益が出てボーナス支給。
だからキビ以外の農業をやったらダメ、
キビを生産すればJAが守ってあげると指導。
“実は天下り先の事業確保”

我々の天下り先を守るんだ！

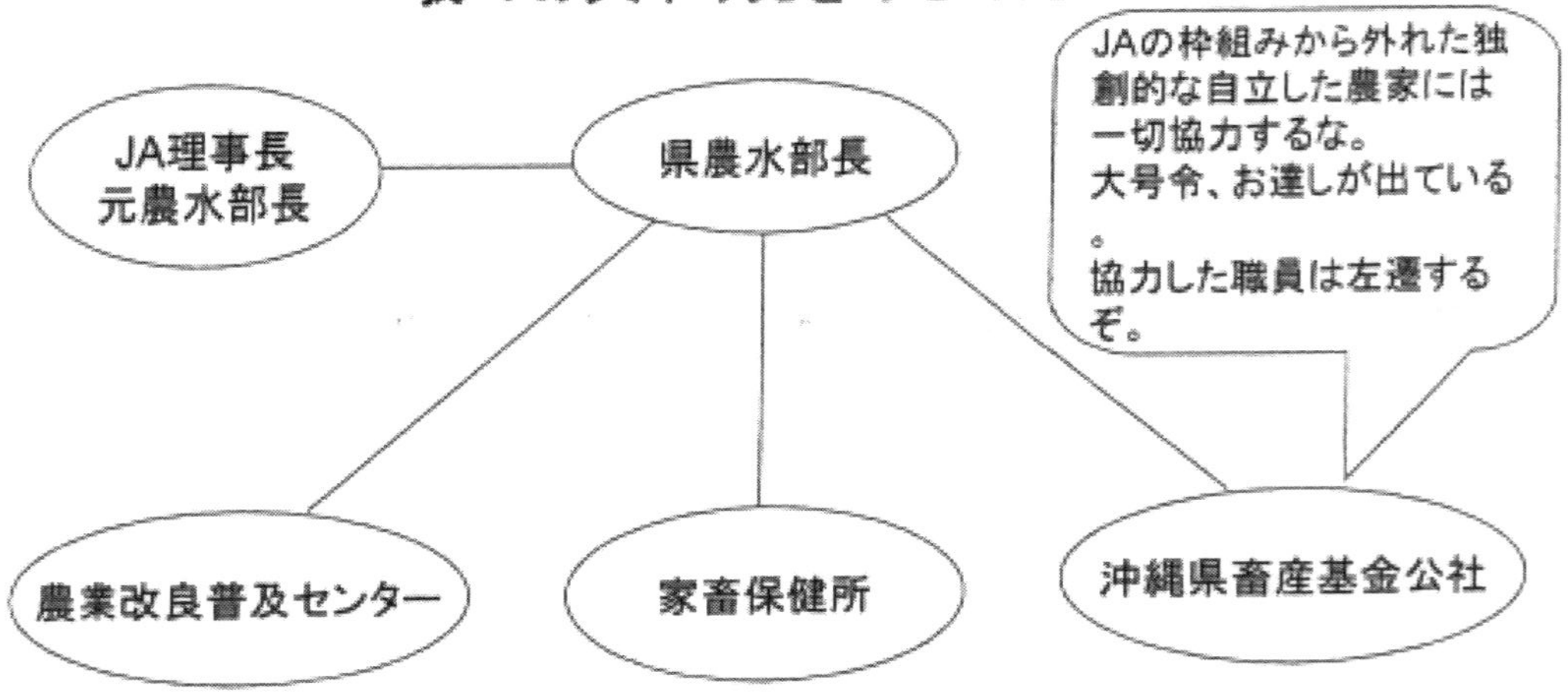

JA理事長
元農水部長

県農水部長

JAの枠組みから外れた独創的な自立した農家には一切協力するな。
大号令、お達しが出ている。
協力した職員は左遷するぞ。

農業改良普及センター

家畜保健所

沖縄県畜産基金公社

（窓口となる各機関）

※各基金の補給金もものすごく不公平であり、石垣の肥育農家は誰一人支持されていない。各補助事業もストップし、キャンセルをする石垣の牧場は半分近く倒産、空き牛舎がたくさんある。

※末端のJA職員、農水部の人達は皆、親切で善良な人が多いのだが、上が悪い。

雑収入の使用目的

◎元県・市の農水部の天下り職員たちの退職金

◎全農に出荷時の、赤字補填の埋め合わせ

（その赤字牧場は愛知食肉向けの県産和牛生産をしているJA宜野座牧場、JA今帰仁肥育センターなど
）

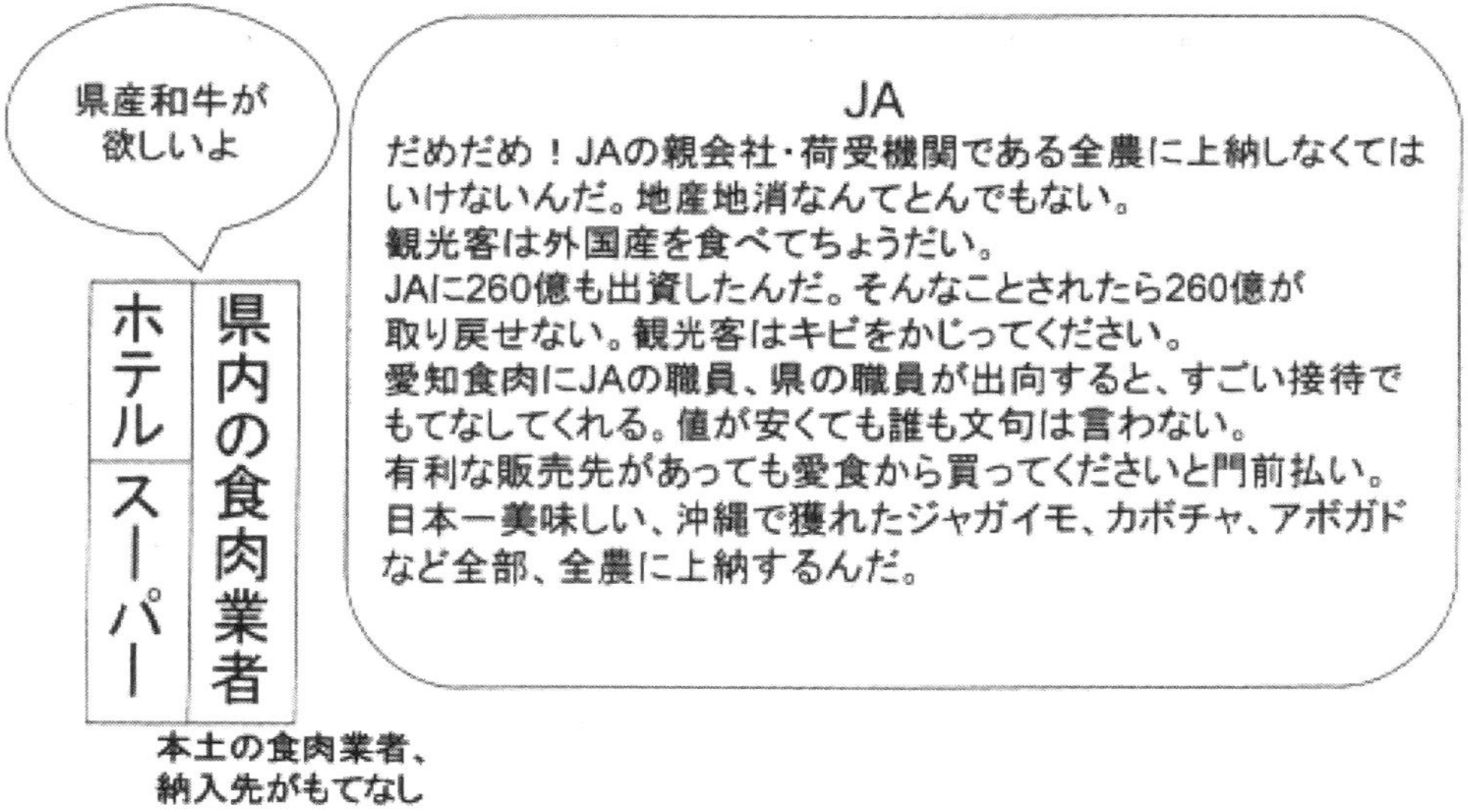

県産和牛が
欲しいよ

県内の食肉業者

ホテル

スーパー

本土の食肉業者、
納入先がもてなし

JA

だめだめ！JAの親会社・荷受機関である全農に上納しなくてはいけないんだ。地産地消なんてとんでもない。

観光客は外国産を食べてちょうだい。

JAに260億も出資したんだ。そんなことされたら260億が取り戻せない。観光客はキビをかじってください。

愛知食肉にJAの職員、県の職員が出向すると、すごい接待でもてなしてくれる。値が安くても誰も文句は言わない。

有利な販売先があっても愛食から買ってくださいと門前払い。

日本一美味しい、沖縄で獲れたジャガイモ、カボチャ、アボガドなど全部、全農に上納するんだ。

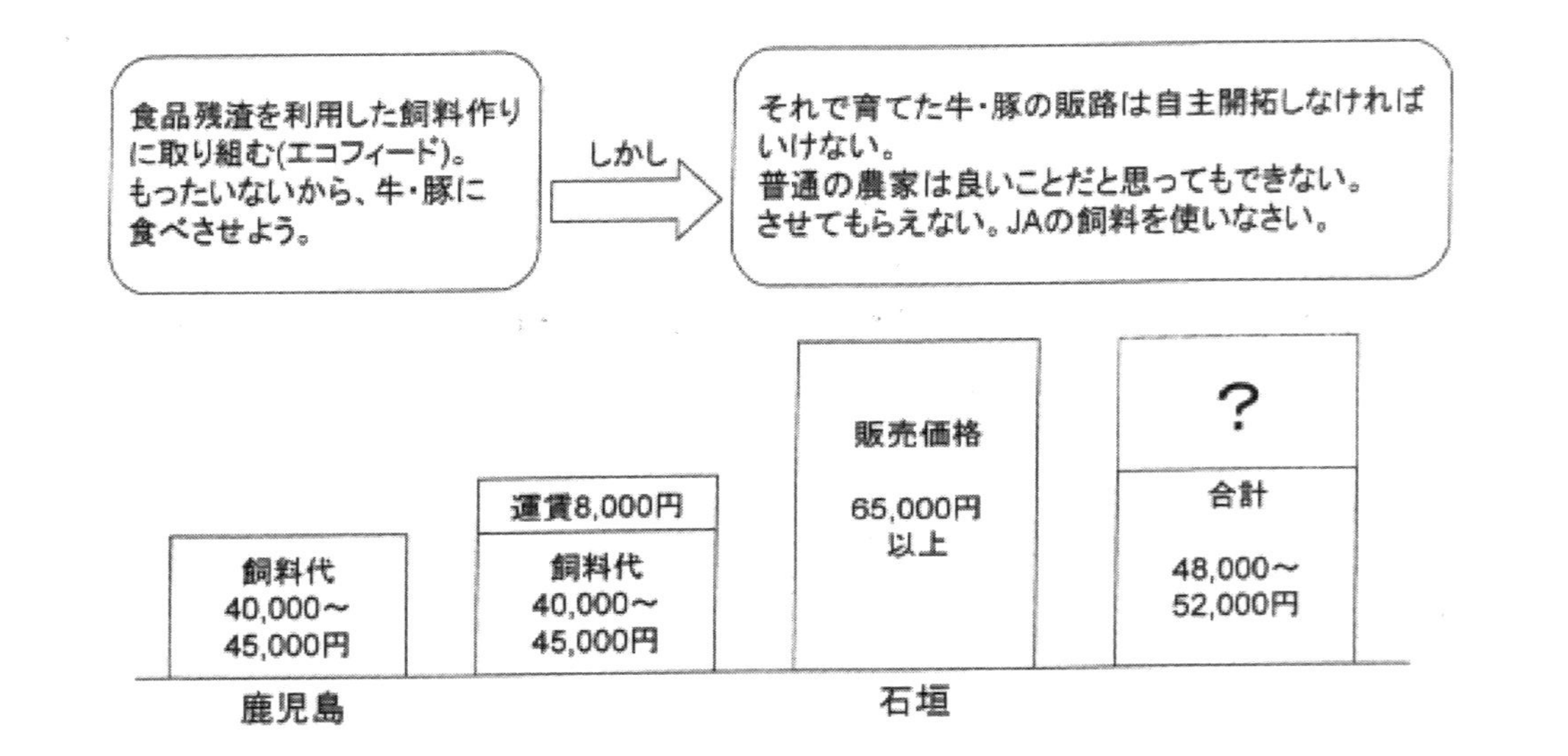

そのJAの飼料が6万5千円以上になるわけがない。
農家に販売した年間総売り上げに対して、全農からバックマージンとして3億～5億を
雑収入として計上。

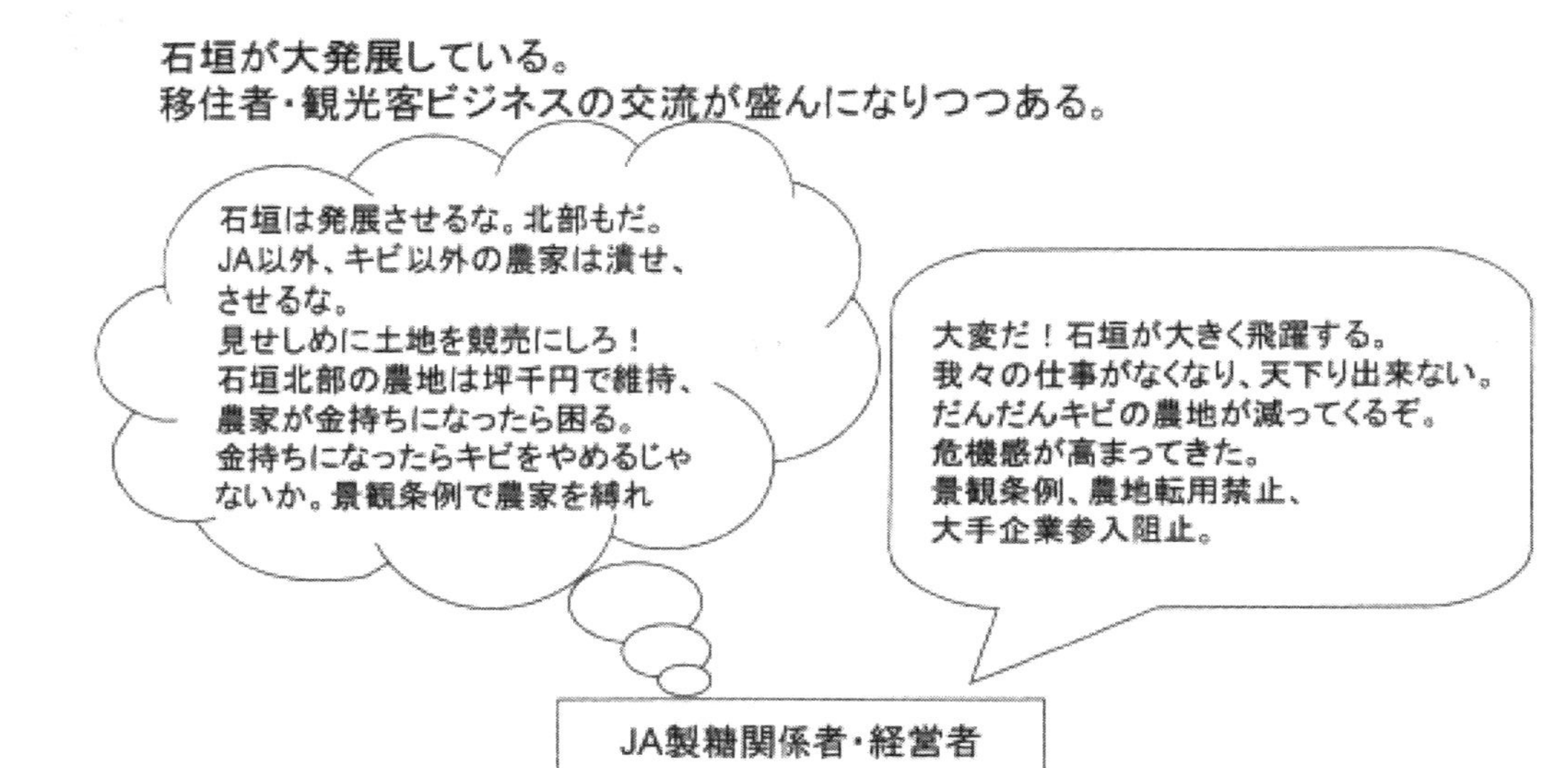

石垣が大発展している。
移住者・観光客ビジネスの交流が盛んになりつつある。
石垣は発展させるな。北部もだ。
JA以外、キビ以外の農家は潰せ、
させるな。
見せしめに土地を競売にしろ！
石垣北部の農地は坪千円で維持、
農家が金持ちになったら困る。
金持ちになったらキビをやめるじゃ
ないか。景観条例で農家を縛れ
大変だ！石垣が大きく飛躍する。
我々の仕事がなくなり、天下り出来ない。
だんだんキビの農地が減ってくるぞ。
危機感が高まってきた。
景観条例、農地転用禁止、
大手企業参入阻止。
JA製糖関係者・経営者

石垣が発展すると、真っ先にキビが倒産する。彼らはそれを認識している。大株主は、大日本製糖の竹野・奈良原であり、キビ農家は株主ではありません。

沖縄の観光産業は4千億、500万人の観光客が消費する食事代は平均2万円、1千億あります。

そこに供給する農産物はゼロに等しい。

農家が観光客ネット販売、地元の量販店に向けて流通生産に取り組むと、沖縄の農家は所得日本一になる。所得が日本一低いのはそこに原因がある。農業以外の収入が得られる農家は転換が早かった。運用地代が入る有望な作物に取り組み、牛も一騎に6千頭まで増頭。

有名な松坂牛の松坂駅ではお肉屋さんがメインストリートでビルを構えている。
一日一千万売る、朝日屋・和田金・柿安本店・丸中本店・牛銀・等々。

これだけの観光客が来るのだから、沖縄でも可能ではないだろうか。

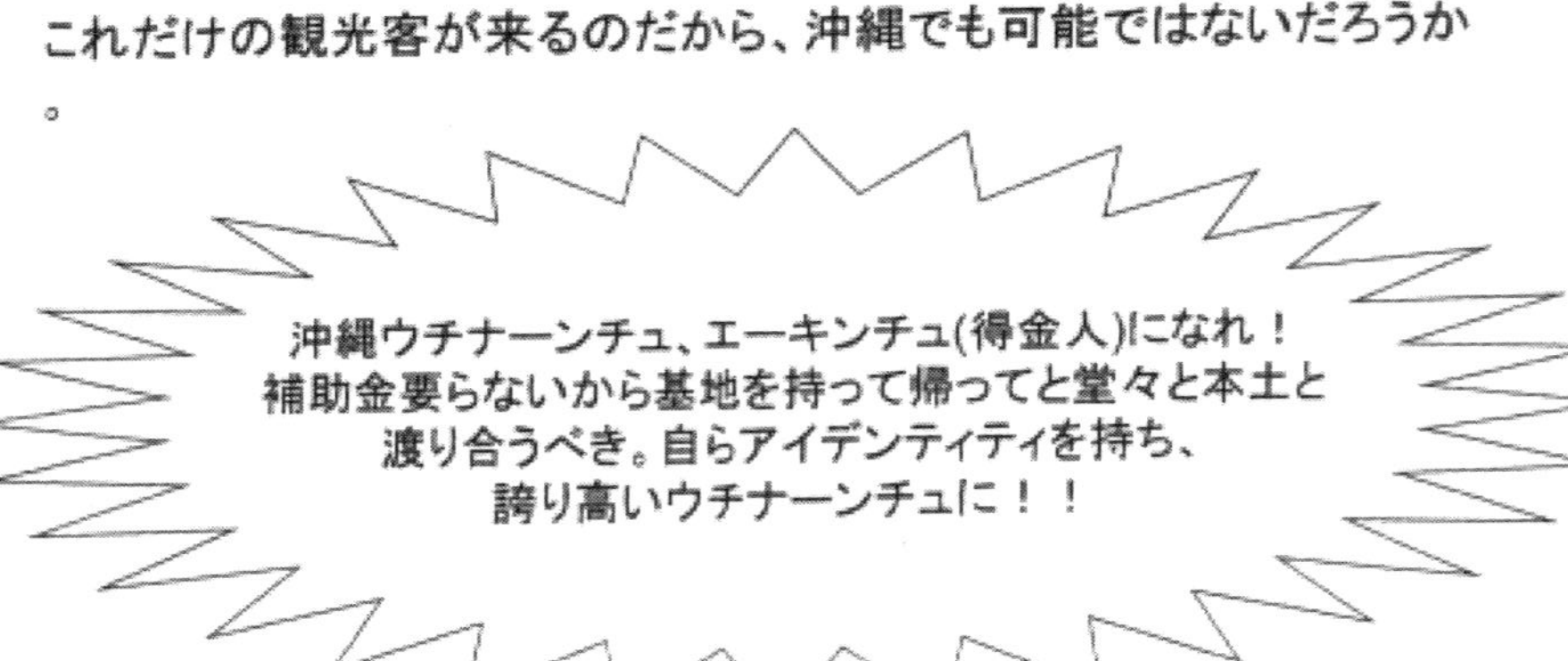

沖縄ウチナーンチュ、エーキンチュ(得金人)になれ！
補助金要らないから基地を持って帰ってと堂々と本土と
渡り合うべき。自らアイデンティティを持ち、
誇り高いウチナーンチュに！！

» 役人に使われている県議会議員・・政治の劣化がもたらす県民の不幸

沖縄県農林水産部長の決裁権が、50億円あるらしいと、県議員の報告がある、

え、？議員、議会を無視した事ではないか？事後承認で、予算が組み込まれる、役人と自己目的のJAが、自分達の都合の良いように政策、天下りの為に仕事する。

予算を決めるのは議員だろ

堺屋太一先生の講義を受けたこと事がある、印象に残る言葉(役人は自分達の組織拡大の為に仕事する、

議員に聴くと誰一人、農業の事は解らない、
知らないからな、と返事する、
善良な農協さん、
農協が農家を守っている認識、

沖縄の農業はすでに壊滅的である！

- 沖縄県畜産基金供給公社は法令違反である。JAが営利事業してはいけないのである。
- 基金は肥育センターに支給されている。他の農家にも少し支給されているが、それはカムフラージュなのである。

基金は農家さんの相場が落ち込んでいるから、踏ん張り、がんばって下さいの為の基金。

その基金をJA肥育センターが、全農から高い飼料をわざと買い、肥育センターが赤字経営に陥っているため、補填に利用している！

そこに、バックマージン3億円が雑収入として、計上されているのである！！

雑収入やバックマージン欲しさに、農家を潰し育成せず、アグー豚、と石垣牛の商標を取る。さらにその費用で、天下りの人達の給料や退職金、政治献金に 宣伝費、マスコミ対策等々支払われている。

天下りの為
の肥育センター
だよー！
これがないと、天下り
出来ないよー！

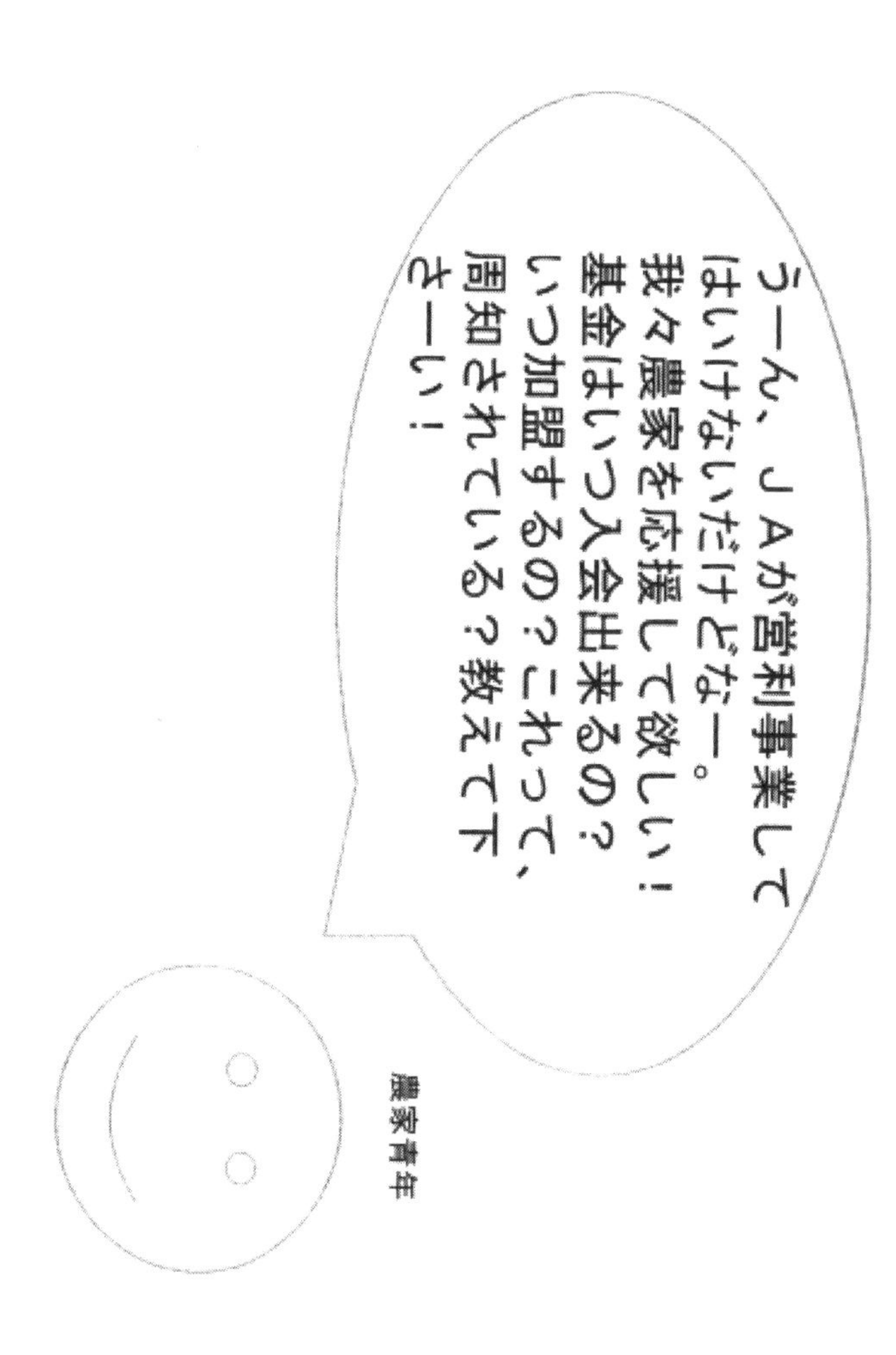
うーん、ＪＡが営利事業して
はいけないだけどなー。
我々農家を応援して欲しい！
基金はいつ入会出来るの？
いつ加盟するの？これって、
周知されている？教えて下
さーい！
農家青年

The Road to
Dissolution of
JA

農協解体

経済産業研究所 上席研究員
キヤノングローバル戦略研究所 研究主幹
山下一仁

**農業を衰退させ、
巨大化した独占事業体が
もたらす害毒!**

農業の仮面を被って信用・共済事業で成長、
農水省さえ支配する「JA」の解体なくして、
農業は再生しない! 食料安保は実現しない!

JA農協が禁書指定!
農協の大罪シリーズ
完結編

宝島社

「農協解体」　山下一仁氏の著作より

農業立国に舵を切れ
TPPと農政改革

経済産業研究所・上席研究員
キヤノングローバル戦略研究所・研究主幹
農学博士　山下　一仁

1

TPPに参加しないと日本沈没

- 1. TPPなどの自由貿易協定の本質は、差別、排除。入ると利益、入らないと不利
- 2. 日本のTPP交渉参加表明にカナダ、メキシコが追随。参加しなければ、広大な自由貿易地域から排除される
- 3.韓国はTPP参加検討表明。中国も国営企業改革の観点から、参加に関心。

6

TPPお化け

- TPPは法の体系＝協定作り～日米協議で要求されたものも、国際経済法の体系に載らないものは議論されないー公的医療保険などの政府によるサービスはWTO・サービス協定の対象外。
- 関税自主権が損なわれる一今ではどの国も関税自主権など持っていない

TPPと牛肉（1）

- 91年に輸入数量制限を止めて自由化、関税は当初の70%から、ほぼ半分の38.5%に削減。牛肉生産の大宗を占める和牛の生産は拡大（2003年度137千トン⇒2012年度171千トン）。
- 2012年から為替レートは50%も円安。2012年に100円で輸入された牛肉は38.5%の関税をかけられて、138.5円で国内に入っていた。その牛肉は今の為替レートでは150円で輸入される。関税がなくなっても、2012年の状況よりも有利。

9

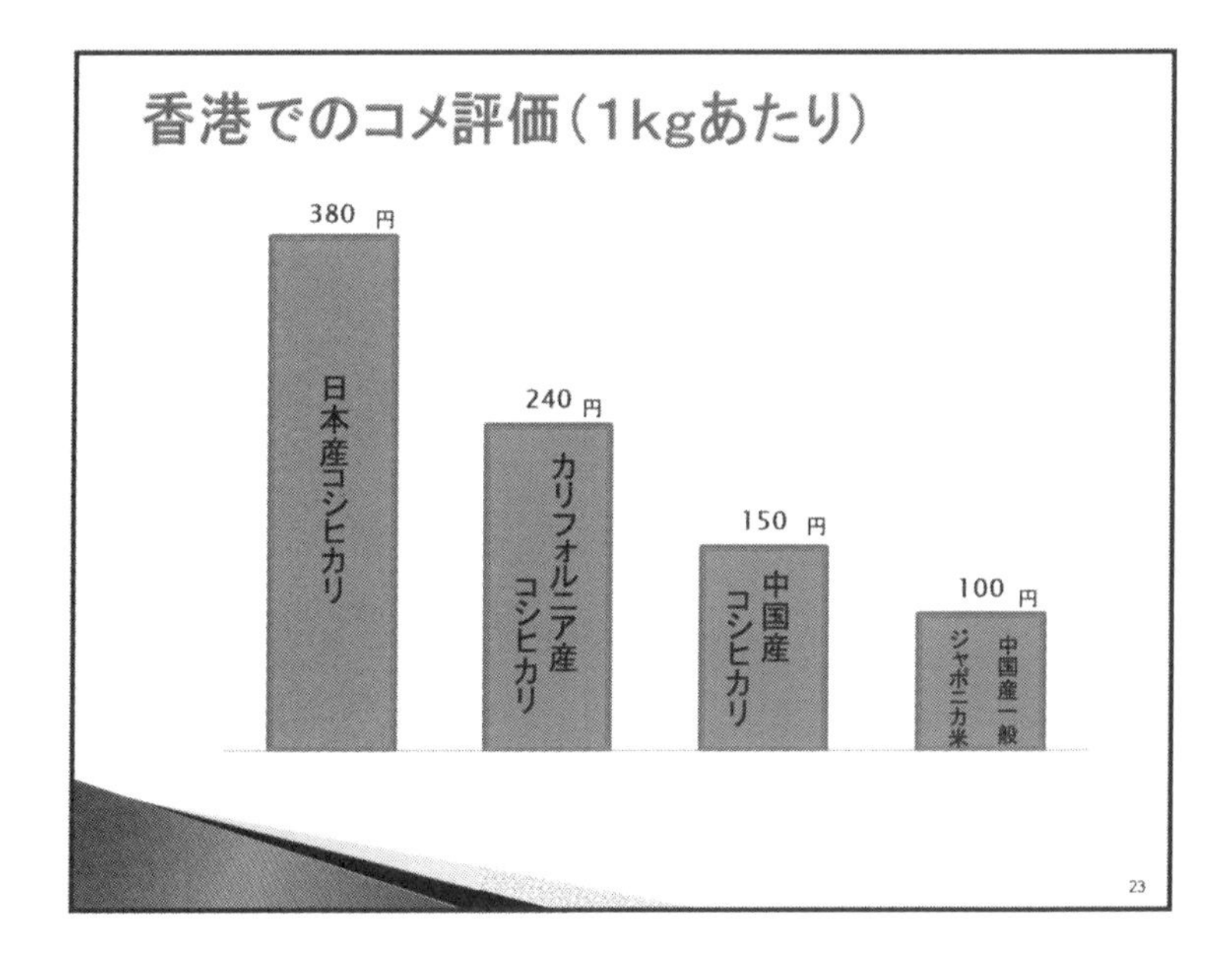

TPP反対論の構図

- UR交渉時と違い、共同通信の世論調査では、農林漁業者のうち反対は45%のみ、賛成は17%も存在。専業農家はTPP賛成。関税撤廃、農産物価格低下⇒直接支払いを行えば、農家は困らない。

- しかし、価格に応じて販売手数料収入が決まる農協は影響を受ける。本当は“TPPと農業問題”ではなく“TPPと農協問題”

25

農業の制約要因

少子高齢化と人口減少

米の生産量は1994年1200万トン→2012年800万トンへ大幅減少。

高い関税で守ってきた国内の市場は、高齢化と人口減少でさらに縮小。

輸出のためには農業こそ、相手国の関税を引き下げられるTPPなどの自由貿易が必要

26

グローバル化の利用例

- 嗜好の違いを利用したものとして、

① 日本では長すぎる芋は市場で評価されないが、長いほど滋養強壮剤としていいと考えられている台湾で、北海道の長いもが高値で取引きされている。

② あるリンゴ生産者がイギリスに、日本では評価の高い大玉を輸出しても評価されず、苦し紛れに日本ではジュース用にしか安く取引されない小玉を送ったところ、やればできるではないかといわれたという話。

- 国際分業で成功した例として、

① 労働を多く必要とする苗を外国に生産委託して輸入し国内で菊花に仕立て上げる農家、

② 南半球と生産が逆になるという特性をいかし、日本でキウイを生産する農家もいる。

32

農業を衰退させた農政

- 1960年代米価大幅な引上げ→1970年減反開始→現在は減反で米価維持
- 大恐慌の際、農業・農村の全事業を実施する"総合農協"を政府が創設→戦時下に統制団体→戦後農協に衣替え→現実は全国連合会によるトップダウン、上からのノルマの強制という上意下達の組織。→高米価で発展
- 農地改革で自作農(農地の耕作者＝所有者)を創設→株式会社は認めない→ベンチャー株式会社の参入はできない

35

農政の国際比較

項目　　国	日本	アメリカ	EU
生産と関連しない直接支払い	×	○	○
環境直接支払い	△（限定した農地）	○	○
条件不利地域直接支払い	○	×	○
減反による価格維持+直接支払い（戸別所得補償政策）	●	×	×
1000%以上の関税	こんにゃくいも	なし	なし
500－1000%の関税	コメ、落花生、でんぷん	なし	なし
200－500%の関税	小麦、大麦、バター、脱脂粉乳、豚肉、砂糖、雑豆、生糸	なし	バター、砂糖（改革により100%以下に引下げ可能）

（注）○は採用、△は部分的に採用、×は不採用、●は日本のみ採用

36

畑作・畜産

- 牛肉自由化への対応策として、乳用肥育牛のF1（交雑種）化が進展したように、高付加価値化、差別化による生き残りも検討。乳牛への受精卵移植によって和牛子牛を生産すれば（2~3年前から普及段階）、肉用業農家だけではなく酪農家の収益も向上。
- 20年以上も北海道の生乳を都府県にタンカーで輸送。（北海道→都府県：03年生乳53万トン、08年飲用牛乳33万トン）→日本から、近隣諸国への牛乳の輸出。
- 野菜、果物については、既に先進的な農業者が積極的に輸出を展開。北海道も国際的には比較優位のない小麦にこだわる必要があるのか？野菜へ転換して、輸出を考えるべきではないか。労働集約的な野菜作拡大により、雇用も拡大。

48

農業衰退して、農協は繁栄する

- 我が国のあらゆる協同組合・法人の中で、JA農協のみができる銀行、生保、損保の兼業。准組合員という農協のみに認められた組合員制度
- 高米価政策＋[兼業所得＋信用事業＋准組合員]⇒預金量第二位の、"まちのみんな"のJAバンク。

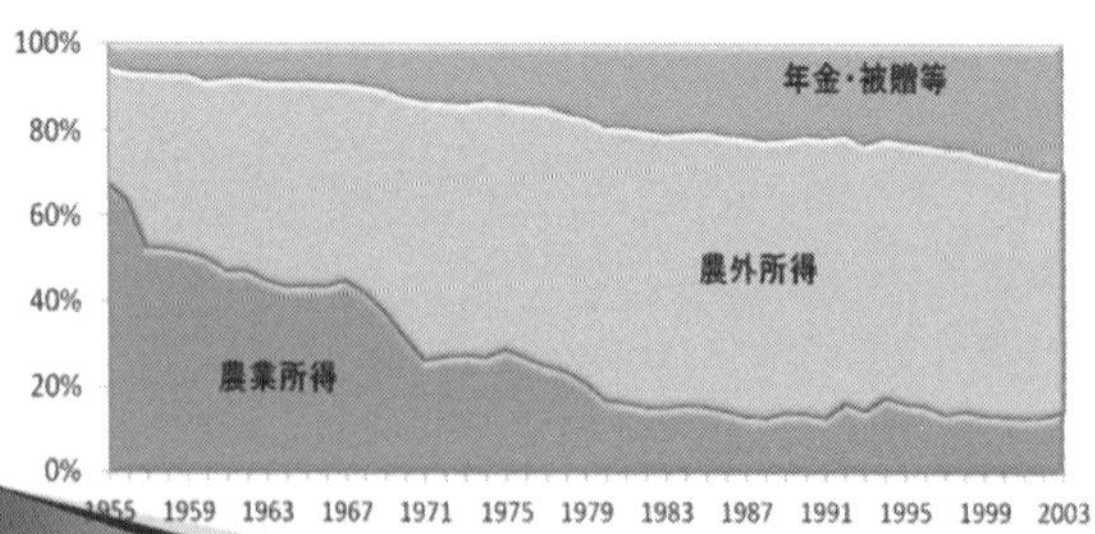

出所）農林水……経営動向統計』より作成。

50

農家の債務が減資したことで 農協の資産になったのだ！

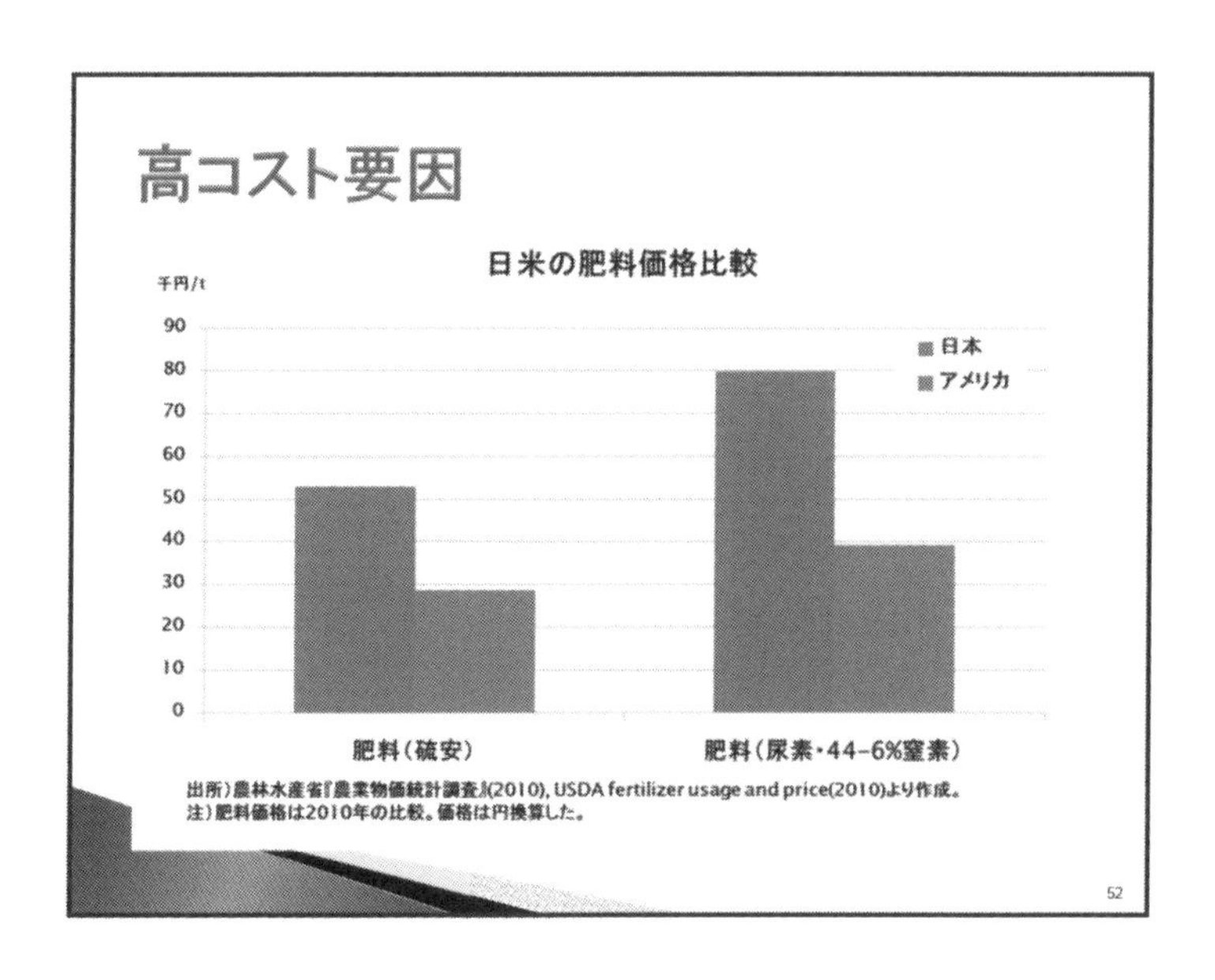
高コスト要因
日米の肥料価格比較
千円/t
90
80
70
60
50
40
30
20
10
0
日本
アメリカ
肥料(硫安)
肥料(尿素・44-6%窒素)
出所)農林水産省『農業物価統計調査』(2010), USDA fertilizer usage and price(2010)より作成。
注)肥料価格は2010年の比較。価格は円換算した。
52

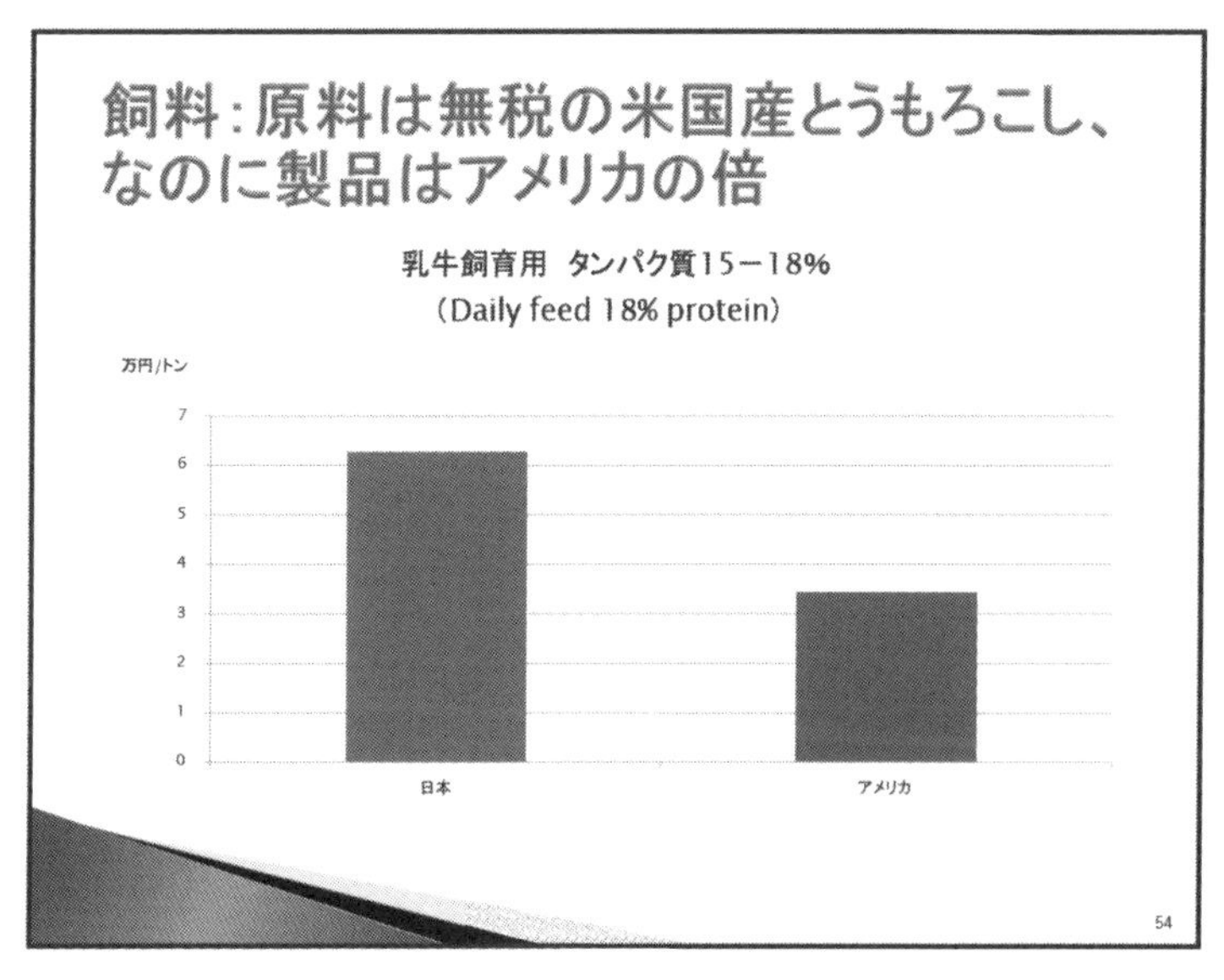
飼料:原料は無税の米国産とうもろこし、
なのに製品はアメリカの倍
乳牛飼育用 タンパク質15−18%
(Daily feed 18% protein)
万円/トン
7
6
5
4
3
2
1
0
日本
アメリカ
54

農協の反論

- 全中は、改革案を、「組織の理念や組合員の意思、経営・事業の実態と懸け離れた内容。」と非難。
- 協同組合原則とは、"利用者が所有し、管理し、利益を受ける"。しかし、組合員の多数を占める准組合員は、利用者であるのに、組合を管理できない。農協は「協同組合の理念」を無視して、組織の利益を優先。組合員農家に高い農業資材を押し付け。融資を行えるなどの優越的地位を組合員や単協に濫用～独禁法上の不公正な取引方法として何度も警告。子株式会社を多数設立。不特定多数相手のサザエさん。
- 全中による農協の経営指導や監査によって、単協の経営破たんが防がれた？Honto-desuka!

56

農協改革

- 6月24日安倍総理発言。「中央会は再出発し農協法に基づく現行の中央会制度は存続しない。改革が単なる看板の掛け替えに終わることは決してない。」
- 全中は一般社団法人化、強制監査は廃止。農協監査法人は独立、一般の監査法人と選択制
- 全農はそのまま？
- 准組合員規制は見送り

57

規制改革会議が取り上げなかった改革

- 一人一票制の見直し(今は兼業も専業も同じ発言権)
- 農協正組合員資格の見直し(今はコメ販売額10万円でも正組合員)
- 正組合員467万人、准組合員517万人。本来、准組合員を持つJA農協は独禁法の適用除外を受けない→農協法第9条廃止→准組合員制度の廃止か独禁法の適用か
- 現在のJAを信用・共済事業を行う地域協同組合として再編。農業は自主的に設立される専門農協が担当＝准組合員や員外利用廃止。

58

農協金融の発展

- 行政の代理機関性、総合農協性をフルに活用。
  政府からの米代金をコール市場で運用。肥料・農薬代を除いた剰余を活用。兼業収入、農地転用利益も農協口座へ。
- 農業者向け融資
  兼業農家の経営は、農家よりも農協の方がよくわかる。逆「情報の非対称性」の活用。
- 准組合員制度
  住宅ローン、自動車ローン、教育ローン。特別な共済事業。とうとう准組合員が正組合員を逆転。

59

農協金融の限界

- 脱農化によって、発展。83兆円の貯金残高を持つ、日本第二のメガバンク。しかし、1995年以降、貯金残高の伸びが顕著に低下。しかし、郵貯より善戦。
- 農業金融が片手間。貯貸率30%。農業への融資は、貯金残高の1～2%。農林中金は日本有数の機関投資家。農業から遊離。
- 逆「情報の非対称性」は、農協に丸抱えされる兼業農家には有効でも、農協を通さない取引を行う主業農家には、通用しない。農地担保主義は、借地で規模拡大してきた主業農家には、通用しない。
- 長期低利の政策金融～日本政策金融公庫との競合

60

食料安全保障のために

- 人口減少により国内の食用の需要が減少する中で、食料安全保障に不可欠な農地資源を維持しようとすると、自由貿易のもとで輸出を行わなければ食料安全保障は確保できない。人口減少時代には、自由貿易こそが食料安全保障の基礎。
- 農業を保護するかどうかではなく、価格支持か直接支払いか、いずれの政策を採るかが問題。座して農業の衰亡を待つよりは、直接支払いによる構造改革に賭けるべき。

62

本書なくして農協改革は語れない!

- 農業の構造改革を常に妨害
- 兼業農家を滞留させたことで農業が衰退
- 農家の兼業所得と農地転用利益を吸い上げて巨大メガバンク化
- 弱者農家が作った組合が巨大化・独占化して農家を搾取
- 農家に押しつける高資材価格が生む高い食料品価格
- 減反で消費者に押しつけられる高米価と食料不安
- TPP反対運動が招く日本凋落………ほか

一大政治力を誇る農協解体の方策とは?

終りに

本当にこの様な事が有ったのだろうか？

どこかの独裁国の話では？

基地問題のお陰で交付金が３０００億円交付される。これだけのお金が交付されながら、何故自立出来ない？　自立出来ない構図は長年積み上げた、既得権と天下りではないか、予算は自分達の物と思っている、天下りする所を最優先する、官高民低の思想（官尊民卑）、税金は地域活性化の為に防災やセキュリティ、事業者のサポート、弱者の支援として一時的に預かっているだけでそれを権力として握っていると勘違いしている。

沖縄県民が貧困に喘いでも、知らんプリ、日本一所得低いは、誰に責任があるのか。議員？役人？投票者？確定出来ない、自立経済確立する事が、基地問題解決に向かうのでは、交付金は支給されて当たり前であるが、当たり前のコメントは戴けない、（自立経済語らずして、基地問題語らず）有識者や、大学の教授、政治家等、毎日の様に新聞コメント書かれているが、農業の事、自給率の低さ、自立経済のコメントは皆無に等しい。沖縄県の最大の問題意識として取り上げ、沖縄県民の多くに共有してもらい、この問題を議員、行政職員全員に取り組んで貰いたい。

人の命を守る農業が疎かにされている。

外部調達の食べ物が、富の流出、長寿社会の倒壊、観光客へのおもてなしの心が欠ける。

自立経済の最大の阻害要因、（沖縄県の１世帯当たり２・５人家族、総数５５万世帯、食料消費支出は５５０００円×５５万世帯＝３０２億円×１２カ月＝３６２４億円の食料消費支出）＋観光客７００万人×１人当たり２万円の食事代＝１４００億円の食料消費支出合計３６２４億円＋１４００億円＝５０００億円の食料消費がある。土産品の消費支出も足すとそれ以上ある、沖縄県の統計でも、スーパー、コンビニの外部調達の金額は３０００億円、殆んどが食料の支出なのに、食卓に上がる作物は３００億円しかありません。

自己目的の団体ＪＡはそれでも、基幹産業だといって砂糖黍、製糖工場のみサポートする、交付金を支給する、県農水部はそのところに天下りをする。ＪＡは自民党議員を使い、ＪＡの意にそぐわない職員を左遷する。優秀な意欲ある職員は、口にチャック、地団駄踏んでいるだけだ。

上ばかり見ている魚、鮃（ひらめ）人生を送らされている、可哀想な公務員である。

［役人は自身の組織拡大の為に仕事する］

話は飛躍するが、日本が戦争負けた知られざる敗因は、天下りが、大きな要素である、日本が開発したレーダー（八木式）を採用せず、天下り可能な企業、財閥の機材を導入した。それによってミッドウェー海戦、レイテ沖海戦、台湾沖海戦、尽くやられ一網打尽、軍神と崇められた、将軍は疑問視である。

敗戦の反省には、天下りの弊害を項目に入れるべきです。

その天下りの弊害が今日まで続く、主権在民が未だに確立されていない。

主権を取り戻そうではないか、補助金があるからこの事業をしよう、補助金を貰えるから仕事しよう、お役人のお目こぼしが貰えるから仕事しようでは、主権は取り戻せない。いつまでも植民地根性ではいけない。逆に役人を使わなければいけないと思う。

沖縄県の予算編成、割り振りが、県民の農家、事業者のサポートは、雀の涙程のサポートをやる真似をし、御茶を濁し、みみっちいサポート事業が殆んどである。「役人は自身の組織拡大の為に働く」。これは有名な堺屋太一先生の言葉だ。沖縄県民の平均所得は

２０３万円、沖縄県の公務員の平均所得は４００万円。４万人以上いる公務員が沖縄県民の平均所得を数字の上で上げているに過ぎず、実際は県民の平均所得はもっと低い。

一日も早く統制経済の作物は中止し、本当に食卓に上がる作物を生産すべきだ。沖縄県民の所得を日本一にするのは難しい事ではない。この本を読めば、それを阻害しているのは役人、公務員である事がよく理解出来るはずだ。沖縄県民も、役所が何かしてくれる。ＪＡが何かしてくれるという姿勢ではなく、依頼心を捨てて、主権を勝ち取るべきです。役人の天下りは、パーキンソンの法則に罹患しており、税金の無駄遣いが仕事になっている。例を上げれば数えきれないが、ここでペンを置くことにします。

沖縄県民が日本一所得が低いのは、自己目的の団体ＪＡを筆頭に、行政を運営する、議員の勉強不足である。行財政改革を優先し、自立経済確立の政策を優先し、基地問題を中央との対峙する事が可能に成る。

復帰後４０年間で砂糖黍に１兆円もつぎ込み、それ以上にするために、農地改良に数兆円、注ぎ込んでいるが、果たして沖縄県民の農家は、誰が金持ちに成ったでしょうか？

沢山の農家の農地を安く競売に出して、久方ぶりにボーナス出たと喜ぶ職員。所得番付にも、必ず掲載される農協、農業産出額より多い、農協の売上金、肥料、飼料を高く農家に売り付け、農家の収入を奪う。自己目的の団体、県の予算も団体が消化し、農家のサポートは雀の涙、零細農家を手なずける為の補助金はわずかばかり支給するのが現実である。

この本を出版するにあたって、加藤尚彦先生、宮城弘岩先生、大田昌秀先生、元沖縄タイムス記者、比嘉康文先生、閣分社、神山社長、言葉では言い尽くせないほどの感謝とお礼を申し上げます。神山社長の出版社では、私と関わった事で、広告を拒否された事本当に申し訳なく思っております。

金城利憲

平成30年8月　吉日

終りに

■参考文献■

■「世界に勝てる日本農業」日本経済新聞社■「農協解体」宝島社■「農協の大罪」宝島新書
■「TPpが日本農業を強くする」日本経済新聞社■「TPpおばけ騒動と黒幕」オークラ出版■「日本の農業を破壊したのは誰か」講談社＝山下一仁
■「これが沖縄戦だ」（写真集）大田昌秀　那覇出版
■「沖縄県知事証言」大田昌秀　ニライ社
■対談「沖縄は未来をどう生きるか」大田昌秀／佐藤優　岩波書店
■「沖縄の決断」大田昌秀　朝日新聞社
■「豚と沖縄」下嶋 哲朗　未来社
■「沖縄独立」の系譜─琉球国を夢見た６人　比嘉 康文　琉球新報社
■「報道されない沖縄」角川学芸出版　宮本雅史
■「沖縄　誰にも書かれたくなかった戦後史」集英社インターナショナル　佐野眞一
■「こんな沖縄に誰がした　普天間移設問題」大田昌秀
■「沖縄の物産革命・TPPとサトウキビ」宮城弘岩

金城利憲（きんじょうとしのり）経歴

昭和 29 年 12 月　沖縄県那覇市に生まれる。
沖縄の復帰前から畜産農業の振興に関心を抱き、食肉企業に就職。その後､和牛の卸会社を立ち上げる。その一方、平成７年１２月、石垣市に有限会社ゆいまーる牧場を設立し社長に就任。また、同牧場の付帯事業として石垣市と北谷町に焼き肉店「金城」を開店。同店は観光客の人気店になっている。

１８年前から石垣牛ブランド作りに専念し、多数の著名人、有名人から評価を得る。2000 年７月の沖縄サミットでは自ら営業戦略を立て、各国首脳の食卓に「石垣牛」を提供。首脳達の好評を得る。

従来から「沖縄の畜産は 1000 億円の地場産業に育つ。沖縄名産といわれるサトウキビは生産性が低く、キビを牛の飼料にすると１トン当たり１万５千円になり、自立経済の大きな柱になる」と持論を展開。

最近では、インドやアジアなどの有力企業と提携して、畜産農家の海外進出に成功し話題を呼んでいる。

第２弾

沖縄県民はなぜ日本一所得が低いのか

（改訂版　石垣牛物語　沖縄農協との闘い）

2020年11月20日　発行

著　者　　金城利憲
発行所　　グッドタイム出版
発行人　　武津文雄

発行所住所
東京都中央区銀座7-13-3　サガミビル２F
編集室　千葉県茂原市千町3522-16
電話0475-44-5414　Fax 0475-44-5415
ISBN　978-4-908993-20-6

印刷・製本　中央精版印刷株式会社